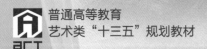

普通高等教育
艺术类"十三五"规划教材

公共空间环境设计

+ 赵迺龙 编著 +

PUBLIC
SPACE
DESIGN

人民邮电出版社
北　京

图书在版编目（CIP）数据

公共空间环境设计 / 赵廼龙编著. -- 北京 : 人民
邮电出版社，2019.4
普通高等教育艺术类"十三五"规划教材
ISBN 978-7-115-49798-7

Ⅰ．①公… Ⅱ．①赵… Ⅲ．①公共建筑－建筑设计－
环境设计－高等学校－教材 Ⅳ．①TU-856

中国版本图书馆CIP数据核字(2018)第241020号

◆ 编　著　赵廼龙

责任编辑　刘　博

责任印制　陈　犇

◆ 人民邮电出版社出版发行　北京市丰台区成寿寺路 11 号
邮编　100164　电子邮件　315@ptpress.com.cn
网址　http://www.ptpress.com.cn
北京捷迅佳彩印刷有限公司印刷

◆ 开本：787×1092　1/16
印张：13　　　　　　　　2019 年 4 月第 1 版
字数：331 千字　　　　　2024 年 7 月北京第 8 次印刷

定价：69.80 元

读者服务热线：(010)81055256　印装质量热线：(010)81055316
反盗版热线：(010)81055315
广告经营许可证：京东市监广登字 20170147 号

公共空间环境设计依托于建筑设计，是建筑设计的延续、深化和发展，所涉及的内容包括建筑体的内外环境设计、空间功能布局、空间装饰装修、陈设品设计，以及照明和绿植设计等诸多内容。本书以专业教学的视角详尽描述这些内容，以期与读者分享。

本书旨在培养读者建立准确的设计概念与创意能力，并针对公共空间环境展开设计和实践。希望通过本书的学习，读者能提高对公共空间环境设计清晰的思维能力和准确的表达能力、控制能力，其次掌握空间处理、个性空间主题氛围设计程序和艺术风格表达手段，继而认知各种公共空间环境的布局方式与特征，以及各种材料在空间环境中的应用，追求自然景观的设置、综合构成空间艺术氛围，突出以物质与精神需求为宗旨的设计目标。

本书第1章至第3章为公共空间环境的基本概述和设计基础常识内容：一部分是对空间环境设计概念与史况、建筑设计与环境设计的关联性、建筑形态特征和类别、风格流派等在内的建筑空间环境基本内容的解析；另一部分是对建筑空间设计要素的详尽分析，包含空间形成、划分、组织和空间序列等常识性内容，同时说明室内装饰设计和陈设品设计。第4章围绕设计的主题创意展开剖析，从艺术设计的思维方式和方法入手，全面地描述设计主题创意的形成、设计创意的过程。第5章至第9章依次对公共空间环境的商业购物、办公、餐饮、酒店、教育和娱乐六大空间环境的设计进行全面的分析和讲解，并结合案例赏析和案例实录，对公共空间环境设计进行了针对性的介绍。

本书的编写得到了天津华汇建筑景观室内设计有限公司刘鸿明先生和项东先生的大力支持；同时本书的部分资料选自天津美院教师的教学课件资料和专业网站。在此，笔者对大家的支持一并表示衷心的感谢！

由于笔者精力和能力有限，书中难免会有一些瑕疵和纰漏之处，敬请大家批评指正。

编者：赵遁龙

2018.1.18于天津美院

第1章　空间环境与空间里的设计 1

1.1　空间环境的概念与环境设计 2

1.1.1　空间环境的认知 2

1.1.2　环境艺术与环境设计 3

1.2　室内空间环境设计史况与发展 4

1.2.1　中国室内设计情况 5

1.2.2　国外室内设计情况 7

1.2.3　现状与未来发展 8

1.3　空间环境设计与建筑设计的关联性 10

1.3.1　室内设计与建筑设计的关联统一性 11

1.3.2　室内设计与建筑设计的互补性 12

第2章　公共空间环境设计概述 14

2.1　公共空间环境设计的基本内容 15

2.1.1　公共空间环境的基本定义 15

2.1.2　公共空间环境的形态特征 15

2.1.3　公共空间的类型 16

2.1.4　空间环境设计的风格与流派 18

2.2　公共空间环境设计的要素 26

2.2.1　公共空间环境设计的物质性要求 26

2.2.2　公共空间环境设计的精神性要求 28

2.2.3　公共空间环境设计与人体工程学 28

2.2.4　公共空间环境设计与相关学科 31

2.2.5　公共空间环境设计的专业关系协调与设计原则 33

第3章　公共建筑室内空间环境的规划设计 ...35

3.1　室内空间环境的构成 **36**

3.1.1　室内环境的空间形态与布局要求 36

3.1.2　点、线、面在室内空间环境构成中的设计运用 37

3.1.3　室内空间环境构成所产生的空间感受 38

3.1.4　室内空间环境的基本类型与特征 39

3.1.5　室内空间环境的分隔与协调组织 44

3.1.6　室内空间环境的序列协调统一 48

3.2　室内空间环境的装饰装修艺术 **50**

3.2.1　室内装饰装修艺术与空间塑造原则 50

3.2.2　空间围护体界面的装饰装修艺术 51

3.2.3　室内空间环境的照明艺术 54

3.2.4　室内空间环境的色彩艺术 57

3.3　室内空间环境的陈设艺术 **60**

3.3.1　家具陈设艺术 60

3.3.2　织物装饰艺术 62

3.3.3　景点装饰艺术 63

3.3.4　其他陈设艺术 64

第4章 公共空间环境设计的主题创意·········65

4.1 设计思维的含义·········**66**

4.1.1 设计的思维方式·········66

4.1.2 思维转化是设计的训练途径·········67

4.2 设计主题创意的形成·········**68**

4.2.1 主题创意的内涵特征·········68

4.2.2 创意主题的挖掘·········69

4.2.3 主题概念的形成·········71

4.2.4 主题概念创意的表达·········72

4.3 创意的准备与实施·········**74**

4.3.1 建立概念的具体思维过程·········74

4.3.2 设计阶段·········75

第5章 商业购物空间环境设计···············76

5.1 购物空间环境基本内容·········**77**

5.1.1 城市商业基本概念与分布格局·········77

5.1.2 城市商业职能与空间设计·········78

5.1.3 现代城市商业具象态特征·········78

5.2 购物空间环境的类别·········**80**

5.2.1 城市商业购物中心·········80

5.2.2 城市商业超级市场 80

5.2.3 城市商业综合商店 81

5.2.4 城市商业专卖店 81

5.3 购物空间环境的艺术设计 82

5.3.1 空间构成要素与购物空间布局要求 82

5.3.2 购物空间布局的基本形式 85

5.3.3 营业空间的组织设计原则与技巧 87

5.4 商业购物空间展示设计 89

5.4.1 空间展示设计原则 89

5.4.2 空间展示设计规律 90

5.4.3 商品展陈要点 92

5.5 商业购物外部空间环境设计 92

5.5.1 商业店面设计 92

5.5.2 商业橱窗设计 95

5.6 购物空间照明与展陈设施设计 99

5.6.1 购物空间的照明设计 99

5.6.2 其他设备设施 101

5.7 商业购物空间环境设计赏析 102

第6章 办公空间环境设计 106

6.1 办公空间环境基本内容 107

6.1.1 办公空间环境的基本特征 107

6.1.2 办公空间环境的职能性质类别 109

6.1.3 办公空间环境的功能区域 110

6.1.4 办公空间环境的构成形式 110

6.2 通用办公空间环境设计要求 **113**

6.2.1 空间环境的设计原则 113

6.2.2 办公空间环境的采光与照明设计 116

6.3 功能性空间设计 **118**

6.3.1 办公室功能性空间 118

6.3.2 办公区域功能性空间 120

6.3.3 会议功能性空间 121

6.3.4 接待功能性空间 122

6.4 办公空间环境设计赏析 **123**

第7章　餐饮空间环境设计 126

7.1 餐饮空间环境设计概述 **127**

7.1.1 餐饮空间环境功能的基本特征 127

7.1.2 餐饮空间环境的形态类别 129

7.1.3 餐饮空间环境形态的功能 130

7.2 餐饮空间环境的设计 **132**

7.2.1 餐饮空间环境设计原则 132

7.2.2 餐饮空间环境设计要点 134

7.2.3 餐饮空间环境的空间组织形式 137

7.2.4 餐饮空间环境的限定方法 138

7.3 餐饮空间环境的尺度要求与设施布置 **140**

7.3.1 餐饮空间环境尺度要求 140

7.3.2 餐饮空间环境家具设施布置 142

7.4 专题性餐饮空间环境设计 **143**

7.4.1 主题性餐饮空间环境设计 143

　　　7.4.2　咖啡店性质的空间环境设计 ·································· 144

7.5　餐饮空间环境设计赏析 ··· **146**

第8章　其他类别公共空间环境设计 ········· 149

8.1　酒店空间环境设计 ·· **150**

　　　8.1.1　酒店公共空间环境形成的发展史况 ···················· 150

　　　8.1.2　酒店公共空间环境形成的基础与设计特征 ··········· 152

　　　8.1.3　中国酒店公共空间环境的发展简况 ···················· 154

　　　8.1.4　酒店公共空间环境的类别 ······························· 155

　　　8.1.5　酒店公共空间环境的设计 ······························· 158

8.2　教育空间环境设计 ·· **163**

　　　8.2.1　低幼发展培育教育空间环境的设计要求 ·············· 163

　　　8.2.2　青少年教育空间环境的设计理念 ······················ 168

　　　8.2.3　大学校园公共空间环境的设计规划 ···················· 172

8.3　娱乐空间环境设计 ·· **180**

　　　8.3.1　剧场空间环境的基本特征 ······························· 180

　　　8.3.2　剧场空间环境的空间组织构成 ························· 182

　　　8.3.3　剧场空间环境的设计要点 ······························· 184

8.4　设计案例赏析 ·· **186**

第9章 设计项目实践与案例...188 ▪▪▪▪

9.1 公共空间环境设计项目实践 ... 189

9.1.1 项目设计环节 ... 189

9.1.2 设计方案执行环节 ... 189

9.2 公共空间环境设计项目案例实录 ... 190

9.2.1 天津曹禺剧院设计方案 ... 190

9.2.2 华汇建筑景观室内设计公司办公环境 ... 190

9.2.3 社区服务中心项目 ... 191

9.2.4 天津雷迪森酒店 ... 192

9.2.5 天津海河文华酒店 ... 192

9.2.6 海南山泉海酒店式会所 ... 193

9.2.7 天津蓟州商业中心 ... 193

9.2.8 医疗空间环境 ... 194

9.2.9 天津滨海市民中心 ... 194

结束语...195 ▪▪▪

参考文献...196 ▪▪▪

第 1 章
空间环境与空间里的设计

空间环境是人们赖以生存的必需的场所，对此我们必须有准确的、充分的了解和认知。空间环境承载着人类社会的发展，伴随着社会文明的轨迹，见证着物质与精神的进步。人们常说的三大空间环境体系，简单归纳就是：反映出自然生态状况并直观可见的自然环境；体现着历史人文，既是直观的又同时表示一定的思想性和操控性的人工环境；突出了地域文化和科技水平，具有感知的、察觉的、抽象的综合性的社会环境。

1.1　空间环境的概念与环境设计

对于空间环境概念与环境设计概念的认知是我们每一个专业人员要重视和不可忽略的一个"简单"问题。对于专业的起步，最基础的常识是把握今后方向很重要的前提和舵盘，必须非常重视。

■ 1.1.1　空间环境的认知

从基本概念上讲，空间环境的内容包括自然环境、人工环境、社会环境在内的全部环境概念。宇宙是无边际的、空间是无限的，在其中又有人为的物化空间，其范围是明确的、有限的。那么，经由人为所创造出的建筑内部空间就是如此，也因此形成了不同的空间形态。确切地说，空间环境形态是由于建筑的出现并以建筑为核心而形成的，于是，空间环境就有了以内部和外部空间形态出现的情况，最直接、最简便的界定方法就是有三种以上围体(墙面、地面、顶面)的即为环境的内部空间(见图1-1)，而无顶面的即为环境的外部空间(见图1-2)。室内空间就是以建筑内部空间为单位，由体面装饰、家具、陈设等诸要素进行的空间组合设计而构成的空间环境；室外空间是以建筑、雕塑、绿化等诸要素进行的空间组合设计而构成的空间环境。

就空间概念而言，现代社会中，由于人们思想观念的不断变化，加之科技手段的不断提高，内外部空间环境的界限也变得模糊起来，内外空间相互渗透的不定性空间环境经常出现。一是室内空间，更多采用大量通透材料建筑空间出现，以此强调空间的延展性、延伸性，感觉上是贴近大自然的。空间布局上如中庭设计、建筑露台及屋顶花园等拓展设计的公共区域(见图1-3与图1-4)。二是室外空间，强调空间的围合，采用悬索结构建立室外的遮阳罩棚，如户外餐饮空间、运动场及车站等，加强了遮风挡雨的装置(见图1-5)，吸收了室内的空间概念，实际上诸如此类的设计方式还反映出人性化的情感。

图1-1　内部空间

图1-2　外部空间

图1-3 空间延伸

图1-4 空间拓展

1.1.2 环境艺术与环境设计

有关"艺术"词汇的概念，按照狭义的美学意义上的艺术范畴来解释就会产生与美感有关的内容。关于感官美学的训练与体验，我们完全可以将其作为设计基础，并以此作为检验设计水准的标尺，用包括三大构成的内容和要素原理来梳理设计过程，得到空间形态上的所谓排列、对比、组合、统一、变化等方面的谐调关系。设计则指建立在现代艺术设计概念基础之上的设计，从专业设计角度来看，设计师是连接精神文化与物质文明的桥梁，人类通过设计来改善人类自身的生存环境。设计是人的思考过程，是一种构思、计划。

那么，"环境艺术"又是什么呢？原意是以人的主观意识为出发点，建立在自然环境美之外，以人对美的精神需求所引导而进行的艺术环境创造。譬如大地艺术，观者可以直接参与其中而获得身临其境的艺术感受。它纯粹是一种精神上的满足（见图1-6）。这种艺术创造既不同于传统雕塑艺术的单纯欣赏，又不同于建筑的功能性，它更多地强调空间气氛的艺术感受。从专业角度分析，环境艺术的本意是我们要研究的环境艺术是人为的艺术空间环境创造（见图1-7）。它既在自然美的环境之外，又不脱离自然环境本体，其本身又存在使用功能与精神功能。可以说，环境艺术是人类生存环境美的创造。

图1-5 德国安联球场

图1-6 布里大裂缝

图 1-7 广场景观设计

下面我们进一步分析一下"环境设计"。环境设计是建立在客观物质基础上,以现代科学研究成果为指导,创造生态系统良性循环的人类理想环境,具体体现是:社会制度的文明进步;自然资源的合理配置;生存空间的科学建设。这中间包含了自然科学、社会科学所涉及、研究的领域。因此,环境设计展现了其多元化和综合性的特征(见图 1-8)。

这样看来,环境设计较环境艺术具有更为完整的意义,环境艺术应该是从属于环境设计的子系统。

综上所述,我们有理由得出这样一个结论:环境艺术设计是一门建立在现代科学研究基础之上的边缘学科。它是时间与空间艺术的综合,设计的对象涉及自然生态环境与人文社会环境的各个领域。它以原有的自然环境为出发点,以科学与艺术的手段协调自然、人工、社会三类环境之间的关系,使其达到最佳的运行状态。其内容包括室内设计和景观设计。

图 1-8 环境设计

1.2 室内空间环境设计史况与发展

室内空间环境设计可以被统称为室内设计,相对于建筑设计而言,它被看作一门新兴学科。尽管出现时间不长,人们却总是有意识地对生活、生产活动的室内进行布置乃至装饰美化,赋予了室内环境寓意各异的氛围。正因为有了如此强烈的愿望和社会需求,室内设计才得到迅猛发展,以至于在短时间内逐步进入了成熟阶段。

我们清楚地知道,建筑空间环境是人们遮风避雨的场所。从发展的观点看,自从有了人类的存在以来,便有了人类为了生存需要而进行的建造活动。随着人类的进化与社会进步,人类也不断地发现自身存在的价值,从而推动了人类文明的发展,随之有了室内设计,就是说室内设计体现着人类的文明。

室内设计本身对于我们来说，并不是什么新鲜事，它是建筑活动的一个组成部分，是人类在其发展过程中积累的丰富经验的具体反映。可以说，随着建筑的出现，人们逐渐开始了室内空间的设计活动（见图1-9）。

图1-9 室内设计

在人们锲而不舍的创造过程中，古今中外的建筑及其内部的装饰装修，为后人留下了辉煌的业绩。中外建筑中的宫殿、教堂，其建筑内部空间的完美是不可忽视的，诸多的范例说明它们具备了室内空间的艺术美，也具备了建筑主体外观与内部空间的有机美感，即建筑设计与室内设计的体现。同时，室内设计体现了当时科学技术的工艺美。

■ 1.2.1 中国室内设计情况

原始社会西安半坡村的方形、圆形居住空间，已考虑按使用需要将室内进行分隔，使入口与火炕的位置合理。方形居住空间近门的火炕安排有进风的浅槽；圆形居住空间入口处两

侧也设置引导气流作用的短墙（见图1-10）。

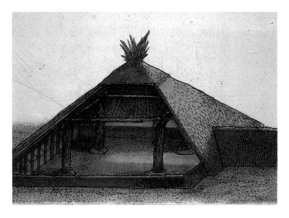

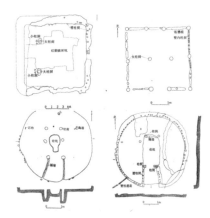

图1-10 半坡村民居复原图1

早在原始氏族社会的居室里，已有人工制成的平整光洁的石灰质地面，新石器时代的居室遗址里还留有修饰精细、坚硬美观的红色烧土地面，即使是原始人穴居中的壁面上也绘有兽形、围猎的图形。人类在建筑的初级阶段已经开始关注"使用与氛围""物质与精神"两方面的功能（见图1-11）。

图1-11 半坡村民居复原图2

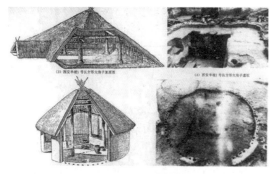

图 1-11 半坡村民居复原图 2（续）

商朝的宫室，从出土遗址显示，建筑空间秩序井然，严谨规整，宫室里装饰着朱彩木料，雕饰白石，柱下置有云雷纹的铜盘。及至秦时的阿房宫和西汉的未央宫，虽然宫室建筑已荡然无存，但从文献的记载，从出土的瓦当、器皿等实物的制作，以及墓室石刻精美的窗棂、栏杆的装饰纹样来看，毋庸置疑，当时的室内装饰已经相当精细和华丽。

室内设计与建筑装饰紧密地联系在一起，自古以来建筑装饰纹样的运用，也正说明人们对生活环境、精神功能方面的需求。图 1-12 与图 1-13 所示分别为汉代装饰性的画像砖拓片和画像石拓片。

图 1-12 画像砖拓片

图 1-13 画像石拓片

我国各类民居，如四川的山地住宅、云南的"一颗印"、傣族的干阑式住宅（见图 1-14）、北京的四合院（见图 1-15）及上海的

里弄建筑（见图 1-16）等，在体现地域文化的建筑形体和室内空间组织、建筑装饰的设计与制作等许多方面，都有可供我们借鉴的极为宝贵的成果。

图 1-14 傣族的干阑式住宅

图 1-15 北京的四合院

图 1-16 上海的里弄建筑

追溯我国室内设计的发展历史，有关室内设计学术性的研究也有很多实际的考证。据记载，早在清代康熙年间，李笠翁所著《一家言》中有关居室部、玩器部的描述中，已对室内设

计的有关装修、装饰和陈设等方面做了较为系统和详细的论述。而室内设计的起步，则要从20世纪60年代的北京"十大建筑"算起。当时从事室内设计工作的专业人员，还是以建筑设计的专业人员为主，国家集结了我国一批搞"实用美术"的艺术家，进行了室内设计的设计尝试，那时对室内设计的概念并不清晰明确，并以"建筑装饰"一词加以概括和确定。而国外的室内设计正在飞速发展中，受其影响，我国在1983年由原建设部主持召开的"全国室内设计交流会"大大推动了室内设计的专业研究工作，其后，包括室内设计在内的环境艺术设计学科在全国范围内得以确立。从此，室内设计专业在我国得到了迅猛的发展。

■ 1.2.2　国外室内设计情况

公元前古埃及贵族宅邸的遗址中，抹灰墙上绘有彩色条纹、地上铺有草编植物并配有各类家具和生活用品。古埃及卡纳克的阿蒙神庙，庙前的雕塑及庙内石柱装饰纹样极为精美，神庙大柱厅内硕大的石柱群和极为压抑的厅内空间，恰恰符合古埃及神庙所需的森严神秘的室内气氛与精神功能（见图1-17）。

图 1-17　古埃及卡纳克的阿蒙神庙及石柱装饰纹样

古希腊和古罗马在建筑艺术与室内装饰方面已发展到很高的水平，如古希腊雅典卫城帕提侬神庙的柱廊，起到了室内外空间过渡的作用，而精心推敲的尺度、比例和石材的合理运用，形成了梁、柱、枋的构成体系和具有个性的各类柱式（见图1-18）。

古罗马庞贝城的遗址中，从贵族宅邸室内墙面的壁饰、家具、灯饰、大理石地面等加工的精美程度看，当时的室内装饰已相当成熟。而罗马万神庙室内的高旷、具有公众聚会特征的拱形空间是当今公共建筑内中庭设计最早的原形（见图1-19）。

图 1-18　古希腊雅典卫城

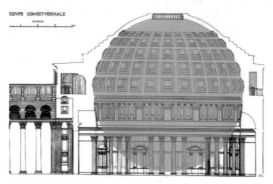

图1-19 罗马万神庙及万神庙剖面图

图1-20 巴塞罗那博览会德国馆

古代时期，无论是欧洲的石砌建筑，还是中国的木架建筑，都是装饰与结构部件紧密相连的一体化装饰做法。而古典主义时期，从17世纪的巴洛克时代、18世纪的洛可可时代开始，人们采用室内装饰与建筑主体的分离做法。此时的装饰制作被称为室内装饰的典型。这段时期内，东西方在领域中的表现几乎是同步的，并且涌现出大量的传世经典。

现代主义时期前夕，室内装饰真正脱离出来是在工业化及混凝土建造方式出现以后的19世纪的欧洲，以维也纳为中心的分离派运动认为装饰部件制作不应依附于建筑主体。随后其观点则更加明确和激进，建筑师卢斯认为，装饰是多余的、虚假的，"装饰是一种精力的浪费""装饰表现了文化的堕落"，这种思想成为现代主义设计的先驱。包豪斯学派强调形式追随功能的观点，空间是建筑的主角，提出四维空间的概念，强调功能设计的重要性。由此，有计划和理论性的"室内设计"逐渐取代了"室内装饰"（见图1-20）。

这样直至20世纪60年代，现代主义思潮排斥装饰似乎走到了极端化的倾向，直接的体现是国际式的建筑和室内设计。于是后现代主义应运而生。它强调建筑的复杂性和矛盾性，反对千篇一律的模式化，认为室内设计应强调历史文脉、多元化、重人情，崇尚隐喻和象征的设计思想，大胆装饰。这样一来，室内设计的空间更加广阔。

对于室内设计学术性的研究，国外也有较长的历史。据记载，大约是1932年，在美国装饰家协会倡议下，《装饰家摘要》的杂志得以出版，它是研究室内设计的专题期刊。它的出版被人们普遍认为是室内设计开端的标志。1937年，它被更名为《室内设计与装饰》，并流传至今。室内设计就这样以一门新兴学科的面貌，成为边缘性专业学科。

1.2.3 现状与未来发展

室内设计在西方近百年的历史中之所以发展得很迅速，是因为建筑功能日益复杂化、多样化。建筑设计的发展变化、新技术和新材料的出现，为室内设计提供了开阔的舞台和发展空间。加之社会需求的作用，当下的室内设计面临一种新的改变，那些"软性"装饰悄然地壮大起来，建筑设计也越来越多地解决室内空间环境的状况，影响着装饰的结局。

建筑的顶棚、立面等围体的空间延伸性（见图 1-21）设计的改变，以及建筑空间结构形态与空间构成的功能性（见图 1-22）明确等，都应该是引起我们关注的事情。我们要总结好过去，才会有信心期待室内设计的现状和未来。

图 1-21 顶棚、立面的空间延伸性

图 1-22 空间结构形态与空间构成的功能性

其一，观念上的改变。人类最早的住房只不过是遮风避雨、防御野兽的场所而已，谈不到舒适和享受。而人类文明进步及奴隶社会有了等级、贫富不均的现象，形成统治阶级和被统治阶级的社会关系，随即出现了宫殿、庙宇、官邸等建筑。尽管这些为少数人所有，但作为一种科学技术和视觉艺术的综合产物，它却在不同朝代的推进和演变中，在人类文明的进步中享有极强的生命力。

其二，文化、政治活动的繁荣发展。人类社会在进入大工业生产以后，相应的宾馆、旅游设施、厅堂、商业空间、车站、娱乐空间等公共建筑逐渐出现。这些应运而生的建筑促使人们的思想观念发生巨大改变，由此也对居住空间环境的概念产生了很大的影响，人们的需求已从防御掩蔽型居所，过渡到舒适型、豪华型，并鼓励体现个性化的空间环境。

其三，科学技术的发展。科学技术的发展加速了室内设计的进程，之所以有如此的评说和推断，源于室内设计是一门"综合性很强的学科"这一特征。它包含了环境学、环境心理学、人体工程学、声光学及美学等众多学科门类。因此，可以说室内设计学科的发展，直接受科学技术发展的约束。换言之，由于新技术、新材料、新工艺的不断出现和更新，人们对室内设计的认识及自身需求的观念也随之深化、升华，社会的文明进步客观地从物质上为室内设计学科的发展提供了可能性。

现阶段，我国经济稳步发展，人民生活水平日益提高，人们不仅对居住空间环境有了越来越高的要求，而且对除此之外的其他生活空间环境也同样提出新的要求，一方面，高科技的运用、生产力提高后，新材料、新技术、新工艺的大幅提升，使新的需求成为可能；另一方面，工作形式不断改进，对新形式的空间环境必会有新的要求，特别是商务类公共空间环境有了日新月异的变化，国内北上广深的一线大城市的许多硬件空间环境是国际一流的（见图1-23）。因此，改变生活环境的需求是一种必然和持续性的态势，而室内设计工作也有责任在社会中占有很重要的位置。同时，随着社会需求的不断增加与扩充，室内设计也形成了各种各样的风格与流派，在空间环境中尽情表现自己独特的魅力。人们种种的意识和观念也总是不断地变更着，室内设计从建筑设计中独立而成为一门专业设计学科，至今得到了飞速的发展。那么，作为环境艺术设计子系统的室内设计，从20世纪六七十年代至今，呈现出相对成熟和稳定的局面，其成果也是显而易见且是有目共睹的，坚信室内设计的未来前景就是人类文明发展的再现。

图1-23 上海新天地和北京三里屯

1.3 空间环境设计与建筑设计的关联性

如果没有建筑设计，室内设计就应该是不存在的。建筑设计是室内设计的前提和基础，而室内设计则是建筑设计的延续、深化和发展。为满足必要的需求，人类生活、工作的建筑空间环境通过室内设计来反映，会更加清晰、准确。因此，室内设计对于最终的空间环境效果占有主动设计的地位。室内设计是建筑内空间环境设计过程的结尾，最终完成的是人需要的具有精神功能愉悦的全部使用功能的空间，这就要求室内设计师应具备特有的创造性的灵感思维和空间设计的把控能力。

1.3.1 室内设计与建筑设计的关联统一性

由于室内设计与建筑设计的密切关系，决定了室内设计师与建筑师密切合作的必要性，二者应是互通的：一是建筑设计的原则、方法、步骤，室内设计师要了解；二是室内设计的特点及原则，建筑师也要清楚，最终共同完成一个出色而成功的空间设计。譬如，会场空间由于功能需求的倾向不同，除空间尺度和形状的变化外，包括建筑做法的设计也应进行相应调整，以会议或报告为主要功能的空间，应尽量避免室内柱体；反之，多功能的会议空间，便无所谓，甚至梁柱的出现为室内的设计带来了空间布置上的方便。

由此，我们感觉到，谈及室内设计与建筑设计的统一性问题，的确有许多共同点和关联性，有相濡以沫、唇齿相依的味道。统一性表现在如下几个方面。

其一，室内设计和建筑设计均需考虑使用功能与精神功能，注重空间的形态设计、空间组织及空间的心理感受。空间尺度的把控与所需的精神功能需求是一致的。例如：巨大的空间尺度的设计就体现"威严""神圣"的精神象征，而矮小的空间尺度的设计营造"亲密""稳定"的空间态度，如图1-24与图1-25所示。

图 1-24 神圣的米兰教堂

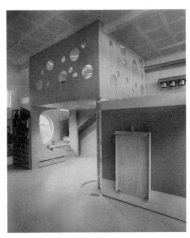

图 1-25 亲密的低矮空间

其二，建筑环境空间设计受科学技术、新型材料、新的工艺及经济条件的制约，反之科技等方面的进步又为建筑空间环境设计提供了有效的保障。同时，随着科技方面的发展、进步和提高，建筑设计与室内设计的共性越来越多。例如：建筑楼板的"现浇"技术应用，建筑空间中的玻璃幕墙、钢结构建筑等，都为建筑空间环境设计提供了更广阔的实施空间。

其三，室内设计和建筑设计同样遵循美学原则和规律。它们都需遵循构图规律、美的构成规律，在空间组织和外观形态的视觉感受上注重协调尺度、比例、统一、对比、节奏、韵律等方面的关系，更重视空间的功能与艺术氛围统一的工作（见图1-26）。

其四，在空间延展性方面更多地取得了一致，两者的界限越来越模糊，避免了一些不必要的重复。例如处理建筑的玻璃幕设计、球形网架设计等结构的二次装修问题，需要两者之间的默契配合和相互间的密切了解、沟通。

图 1-26 相同的美学原则和规律

1.3.2 室内设计与建筑设计的互补性

室内设计固然有其自身价值作用的独特性，而从其他的角度来看，室内设计和建筑设计之间存在互补性关系。可以说，室内设计和建筑设计在完成同一个空间设计的时候，其设计任务存在各异的方面。

（1）视觉功能效果的处理差异。室内设计更加重视和强调人们心理效应和生理效能，注重装饰使用材料美感方面的处理，突出整体与局部的环境关系。这样看来，建筑设计应宏观地把握建筑空间环境关系，而室内设计则会更加细腻地揣摩建筑空间环境的各个细节部位，当然室内设计不能忽略整体关系（见图1-27）。

图 1-27 室内外空间设计的互补性

（2）与人的关系的差异。室内设计最能充分地体现人与环境、人与物之间的关系，它能以其美的室内环境气氛，满足人们不同的心理上、生理上的需求。如果用距离的方式比较的话，建筑设计较室内设计来说，室内设计与人的距离更近一些。就是说，从建筑空间环境设计开始，建筑内空间环境设计，甚至将现在的室内软装也计算进去，那么，距离人最近的，就是最后临近入住前所有的设计。

（3）两者的互补性。室内设计要极力增加内部空间的艺术表现力，反映其空间的性格与主题，利用空间设计的表现技巧弥补建筑设计的缺陷与不足，改善内部空间的效果。例如，由于结构的需要，室内出现许多梁柱等影响空间效果的形体，室内设计师就要因地制宜地重新进行空间设计调整，使之形成崭新的为人所接受的形态，同时，达到使用功能的要求。

下面用一个教育建筑公共空间的实例来比较建筑师和室内设计师的工作职责，看一看他们的互补性是如何体现的。在该项目中，建筑师的主要工作是建筑的空间布局与结构关系的设计；建筑设施的各类别功能管道规划；空调排风设备等专业系统安置；消防安全设施的处理等。这是建立该教育建筑形态的基础和必然环节，明显体现出宏观性的重要作用。室内空间的设计任务，应是体现其内部的空间组织、设施、设备的布局合理，各种方式教育活动的方便，总体环境要求的气氛应是舒适、清新、健康和快乐，建筑师要为室内设计师预留更充分的空间条件（见图1-28）。

图 1-28 教育空间建筑与室内设计的互补

室内设计师的主要工作就是组织协调室内功能空间和设备；进行区域功能布局，获得材料使用的环境视觉效果；确保室内陈设、家具用品的合理舒适性；营造综合的空间环境气氛等。就同一建筑空间而言，这一环节会有更多的细部设计需要处理，并且依据使用功能将其具体化，可以说是对建筑设计的进一步深化和完善。

两者都要遵循和围绕空间使用功能来进行相应的设计工作。如果是娱乐性建筑设施，在室内设计方面有很大的区别，一定要按照供人们文娱活动的空间环境功能要求进行设计，营造的环境气氛应该是活跃热烈、华美艳丽、优雅有度。所以，拿到一个设计课题必须根据它的使用功能，认真解读建筑师对使用功能的理解，弄懂建筑师的表现意图，然后对室内设计进行仔细研究和分析，这样会更好地体现室内设计与建筑设计的互补性和主动性的优势，为完成成功的设计课题打下良好的基础。

总之，做好室内设计首先要掌握其建筑的功能需要，根据室内设计的一系列设计规律，综合的自身修养，创造出美的空间环境。

第 2 章
公共空间环境设计概述

人类生活环境中的建筑类型，大体分为独享性的私用空间环境和共享性的公共空间环境，而依据生活状态，纯粹的私用空间环境很少，更多的空间环境是公共空间环境。在空间环境概念里，公共空间环境设计具有重要的意义和广泛的需求。

2.1 公共空间环境设计的基本内容

对公共空间的认知是至关重要的，首要的是如何界定公共空间环境，继而准确弄清公共空间环境的功能特征，用物质性的使用功能和精神功能的要求，研究和分析公共空间环境设计的特点，以及了解和认知发展过程中的风格流派，从本质上做好公共空间环境课题设计的基础准备。

2.1.1 公共空间环境的基本定义

民用建筑是除生产性建筑之外，提供人们日常生活和社会公共活动使用的各类建筑场所的总称，涉及室外及室内空间环境。那么，公共空间环境的本义就是社会从事各类公共活动的建筑场所，是功能性、技术性、艺术性和政策性都很强的建筑类型。室外空间环境包括街道、广场、户外景观场地、公园、体育场地等；室内空间环境包括政府机关、学校、图书馆、商业场所、办公空间、餐饮娱乐场所、酒店民宿等公共活动场所。公共空间环境深层次的含义是指公共空间不仅是个地理的概念，更重要的是进入空间的人们，以及展现在空间之上的广泛参与、交流与互动的内涵。这些活动大致包括公众自发的日常文化休闲活动和工作状态，以及自上而下的宏大集会活动。

2.1.2 公共空间环境的形态特征

千姿百态、类型繁多的公共空间的形成，除了受其功能性要求影响以外，还与不同的社会制度和规划条件、经济状况和科技水平、民族传统和审美观念，以及地域习俗和自然环境的方面有关。由此，我们得出公共空间环境造型艺术有如下特征。

（1）功能的独特性。公共空间环境艺术形态同其功能性要求、技术特征有机结合，浑然一体。这不仅能充分表现公共空间环境的性格特点，从而增强空间环境明确的识别性，而且是体现公共空间环境艺术特征、提高空间环境效益的重要手段，就像我们感受到的商业空间环境、商务空间环境、办公空间环境等。

（2）艺术的多样性。解决各类物质功能和技术经济问题的同时，还要满足较高的造型艺术要求。就是说，不同功能类型、建造规模和标准的公共空间环境，在其空间形态的表现手段和艺术性的要求会有不同的特点，切不可千篇一律地简单对待，这也是公共空间环境艺术设计的基本原则。示例如图 2-1 所示。

图 2-1 高迪的建筑艺术

（3）概念的主题性。在以满足精神功能为主要目的的公共空间环境中，除运用美学法则构建空间环境要素来满足审美的需求外，还要运用特定的功能性建筑符号并综合性地运用其他艺术手段来抽象地表达公共空间环境的主题思想性，强调和增强空间环境的场域气势，使观者产生联想和共鸣，继而达到一种积极的心灵触动和感受。示例如图 2-2 所示。

图 2-2 朗香教堂

图 2-4 建筑与环境协调

（4）环境的协调性。公共空间环境协调性要求的特征通常是指空间环境本身和与周边环境的相互关系。首先是空间环境本身，基于公共空间环境的功能特征，其内部空间和外部形态往往是大小空间环境不同、体型不同的组合体。依托新技术、新材料解决空间环境跨度和形态大小等问题，从而达到各种形态之间、大小之间的对比与协调关系，这是公共空间环境形态艺术设计的特征要求。其次是公共空间环境在城市规划中有着重要的位置要求，与周边空间环境群体的协调至关重要，某种程度上成为城市中的标志性公共空间环境。特定情况下，也要协调民族传统、地域特色和创新性之间的关系，如图 2-3 与图 2-4 所示。

■ 2.1.3 公共空间的类型

谈及公共空间环境，其类型辨别对于做好公共空间环境设计至关重要。我们清楚地知道，建筑的分类方法有多种，如以地理环境、建造方式、建筑类型、材料、结构、建筑风格、建筑标准、层数、布局特征等对建筑进行分类。例如，建筑按地理环境分为平原建筑、水乡建筑、海滨建筑、山地建筑；按建造方式分为手工建造的建筑、半工业化的建筑、工业化建造的建筑；按建筑类型分为中国传统建筑、欧洲古典建筑和现代建筑；按建筑材料分为生土建筑、砖木建筑、砖石建筑、砖混建筑；按结构分为叠砌建筑、框架建筑；按建筑风格分为民族建筑、地方风格建筑；按建筑标准分为一般建筑、中档建筑、高档建筑；按层数分为平层建筑、底层建筑、多层建筑、小高层建筑、高层建筑、超高层建筑；按布局特征分类，以住宅建筑为例，分为独户式建筑、并联式建筑、公寓式建筑等。通常表述建筑类别，我们常常以建筑功能特征为主，并从多种角度界定。

图 2-3 悉尼歌剧院

在众多的分类方法中，按建筑的功能性质分类是最本质的一种，即建筑分为生产性建筑和非生产性建筑两大类。非生产性建筑亦称民用建筑，而民用建筑又分为住宅建筑和公共建筑两个类型。公共建筑就是依照此种功能性分类而界定的，与此同时，公共建筑又派生出诸多空间环境类型。作为供人们生活及社会活动的各类建筑场所，公共建筑的艺术特点是满足功能要求的同时，造型上同其功能、技术特征有机结合，也就是体现功能特点，表现主题思想。由于公共建筑的空间环境要求跨度相对较大，并且形制变化多，因此更应注意协调统一。

因此，公共建筑依据功能性质细化出多种类型：供国家和地方各级政府机关从事社会组织管理活动的"政府建筑"；供人们交通、旅行、物资运转等的"交通建筑"（见图 2-5）；为人们提供生活服务的"服务建筑"（见图 2-6）；供人们从事各类文化活动的"文化建筑"（见图 2-7）；供人们从事各种娱乐活动的"娱乐建筑"（见图 2-8）；供人们从事教育活动的"教育建筑"；供人们从事商品交换、金融贸易及储存等活动的"商业建筑"等。

图 2-7　文化建筑

图 2-8　娱乐建筑

除上述建筑类型以外，还有一些建筑类型同样需要我们予以了解和关注，如体育建筑（见图 2-9）、医疗建筑、通信建筑、纪念建筑等。其中需要怎样的一些专业设备及使用要求，是否与空间环境设计产生矛盾，如何协调解决等，都需要我们在设计中认真研究。更具专业性的专项研究的建筑类型，如中外不同的宗教建筑，通过对宗教建筑的研究，我们发现东西方对建筑形制是有着截然不同的理解和寓意的。

图 2-5　交通建筑

图 2-6　服务建筑

图 2-9　体育建筑

总之，对建筑类型要求的认知，是专业设计人员必须掌握的基础内容，能为我们的公共空间环境设计活动带来巨大的帮助。

■■ 2.1.4 空间环境设计的风格与流派

空间环境设计的风格实为艺术性的特征价值，就是说，通过建筑空间的性质与意义、功能与技术的表现而转化为艺术。依照不同地域民族文化特征和审美需求，也同时带有明确的时代特色，其所表现的形态会有明显的异同，久而久之形成明显的建筑语言的表现方式，即可称为建筑空间环境设计的风格。建筑空间环境设计风格属于艺术风格的概念范畴，集特定时期文化、审美和创作思想、形态体系和艺术手段，以及表现手法于一体，具有成熟性和民族性的特征。

对于设计风格的研究分析，重要的是两点，即影响风格形成的因素和风格形成的过程。其一，影响风格形成的因素。在空间环境设计的领域里，风格的形成和发展，与生产力、社会经济条件、科技能力有关；建筑风格更与民族的审美思想、意识形态、建造技术水平、结构体系、自然条件及建筑艺术形式上的美学规律，有着密不可分的联系。其二，风格形成的过程。每个公共空间风格的形成都会经过几个阶段，主要阶段是创造新型的建筑物、掌握新结构的材料、独创的设计方法等，从而形成新的艺术形式上的美学规律结果。

由此可以得出两个结论：首先，风格的更替与演进不总是直接取决于经济状况和科技水平，人们的意识形态和美学标准的发展变化起着主导性作用；其次，建筑发展史并不完全是风格更替的结果，但是，建筑发展历史中的确存在风格更替的状况。

就建筑风格而言，简明回顾建筑史也是很有必要的，可以从中领略建筑艺术的语汇特色。我们可以按照时间顺序进行回顾。

（1）在"古典建筑"中，了解古希腊建筑经典柱式（见图2-10）和黄金比例的运用；古罗马建筑券拱技术［见图2-11（a）］与结构的形成；古波斯建筑色彩斑斓的饰面技术的形成。

（2）在欧洲中世纪建筑中，了解拜占庭建筑穹顶、帆拱结合技术和法国哥特式建筑［见图2-11（b）］对欧洲各国建筑产生的重大影响。

科林斯式

爱奥尼克式

陶立克式

图2-10 古希腊建筑经典柱式

（a）　　　　　　　　　　　　　　　　　　（b）

图 2-11　券拱技术和哥特式建筑的代表作

（3）到了 14 世纪末叶，欧洲资本主义萌芽产生，建筑又迎来了一个重要时期——意大利文艺复兴时期。这个时期宫廷建筑开始兴起，以佛罗伦萨主教堂为代表的宗教建筑（被称为建筑史的里程碑）是穹顶结构技术的重大改变和提高，形态上注重建筑柱式的精美。同时，这个时期造就了许多巨匠。例如：伟大的建筑家、雕刻家、画家米开朗基罗，他总是把雕塑与建筑结合，强调其凹凸刚劲的效果；伟大的画家、建筑师拉斐尔，与米开朗基罗不同的是，他追求建筑的柔美秀丽；早期奠基人伯鲁乃列斯基和伯拉孟特等。这个时期著名建筑层出不穷，直至圣彼得大教堂（见图 2-12），文艺复兴建筑结束。圣彼得大教堂成为"巴洛克建筑"的开篇之作，巴洛克建筑有着装饰手法烦琐、色彩艳丽、标新立异的特点，甚至是非理性的求新求变，注重建筑与自然环境密切结合，这时的园林艺术也有了较大发展。

（4）以宫廷建筑为主线的法国古典主义建筑，开始受意大利文艺复兴建筑的影响，脱离本民族的建筑风格，其盛行时期是在 17 世纪下半叶，代表性的建筑有法国的卢浮宫（见图 2-13 与图 2-14）和巨大的公园式宫殿建筑群凡尔赛宫（见图 2-15）。受古典主义建筑影响的有马德里皇宫、彼得堡冬宫等。

图 2-13　巴黎卢浮宫

图 2-12　圣彼得大教堂

图 2-14　卢浮宫室内空间

图 2-15 凡尔赛宫室内空间

（5）历史总是惊人相似，文艺复兴建筑兴衰后出现巴洛克建筑，而古典主义建筑兴衰后，在 17 世纪末期至 18 世纪初，"洛可可建筑"出现。洛可可建筑风格主要表现在室内装饰上，没有了古典主义的严肃性，也没有了巴洛克的烦乱不安，强调柔美细腻，更加纤细的装饰方式，感觉生冷的石材在室内装饰中消失，取而代之的是木材装饰材料的大量使用，并且大量使用金线，更加倾向于自然主义的装饰题材。

（6）以英国为最早的资本主义革命，遍及欧美国家，期间宫廷建筑得到发展。同时，新兴的资产阶级贵族官邸建筑也被人们重视起来。启蒙运动对建筑的革新——帝国建筑的法国凯旋门——标志着资本主义的胜利，随后出现了希腊复兴和罗马复兴，由此形成浪漫主义思潮。直至 19 世纪中叶，折中主义（亦称为集仿主义）的建筑出现，形成折中主义住宅及室内设计。我国由于近代历史原因，有的城市依然保存着先前风格的建筑。20 世纪开始了现代主义思潮的步伐……

经过简略的回顾，我们可以依稀看到建筑风格的存在。下面较为详尽地解读公共空间风格。

1. 民族风格

我们将民族风格看作依照地域性的文化风情共性内容的具体表现，也就是说，建筑功能、技术、艺术反映民族生活习惯、生产技术、文化艺术、宗教信仰和审美意识等方面的传统特征，同时，民族风格的特征是显而易见的。一方面，因地域的不同，东西方民族性特征有着明显的差异，即便相邻的欧洲各国，也都有着本民族特征的印迹。我国传统的民族风格建筑也有北派和南派之说，更有不同民族地域特征明显的风格建筑。另一方面，同一民族在不同的历史文化发展时段，也会呈现出不同的民族风格，即时代演变现象，如唐宋时期和明清时期建筑风格；此外，风格也可以缩小到艺术层面的一个类别（如英国哥特风格、法国哥特风格、德国哥特风格等），甚至可以缩小到"花饰窗格"的一种体式。

说到这里，从某种意义上来说，我们也可以把民族风格理解为"地方风格"，这是因为，在建筑的造型艺术中所表现出的本质特征，都体现着地方特色和风韵，除前面提及的北派和南派之外，还有我国的江南水乡建筑风格、徽派建筑风格及各地民居建筑风格，示例如图 2-16 所示。按照地方风格概念，我们也可以直接称某国家或地区建筑风格，如"西班牙建筑风格"等。

图 2-16 苏州博物馆

如果按照"民族传统"去理解，我们可以把民族风格称为传统风格，通俗性地称为"中式传统风格""伊斯兰风格""西方古典风格"等。作为专业设计人员，值得我们注意的是，前面提到的地域差异和民族发展时段演变的问题，在民族风格表现时一定要详尽且准确。示例如图 2-17 所示。

图 2-17 伊斯兰风格建筑

2. 时代风格

所谓时代风格，意味着具有时间性，不同的时代会有不同的建筑风格，而同一个时代，不同国家或地区也会产生共同设计倾向的建筑风格。无论哪个时代，建筑风格的形成都会受民族思想意识发展和其他因素的影响与制约。任何优秀的设计作品，都要适应时代的要求，以此更好地为时代贡献专业才能。可以说，建筑风格体现着一个国家或地区那个时代几乎全部的社会思想状况和生活发展水平。

时代风格必然有其建筑功能、技术和艺术、思想意识与环境关系特点的烙印。人类发展史表明，奴隶制时代、封建制时代和资本时代，绝大多数社会财富为统治阶级所占有，大量的宗教建筑、宫廷建筑、官邸建筑、陵墓建筑和资本时代的贸易建筑、夜总会建筑等，成为主要的建筑类型，为少数的统治阶级服务和享乐。现代建筑则演变为建筑要为更广泛的人民大众服务。这是不同时代所产生的不同建筑时代风格的特点。不同时代，人们的活动内容随社会进步而产生这变化，体现在不同的活动主体、活动方式对建筑空间提出的不同要求，这是时代风格的本质特征。

此外，狭义的时代风格特征体现建筑造型在不同时代的建造技术的特点，也就是，从天然材料、体型矮小、结构笨重、装饰琐细到工业化的时代变迁。因此我们也可以按照时间截点界定时代风格，如现代风格、后现代风格等。以北京为例，从新中国成立至今，已有过四届

十大建筑评选，分别是：1959 年评出的人民大会堂、民族宫等；1988 年评出的中国国际展览中心、长城饭店等；2001 年评出的中央广播电视塔、国家奥林匹克体育中心与亚运村等；最为突出的是 2009 年评出的 "北京当代十大建筑"，包括国家体育场、国家大剧院等。它们充分体现了建筑的时代风格，如图 2-18 所示。

图 2-18 从 "民族宫" 到 "鸟巢" 体现着建筑的时代风格

3. 流派风格

流派是指由一批思想倾向、观点主张、创作方法和表现风格有许多共性的专家们所形成的派别，称为流派。它是在艺术论争和创作实践中逐渐形成、发展和变化的。在建筑领域里，其发展过程中总会产生新的思想，继而形成一种潮流，促进领域的发展。在相互竞争的艺术流派中，显现着每一个流派的独特风格与魅力。在不同的建筑作品中，同一流派存在着风格上的共性方面，从这个共性上就可以辨认出建筑作品属于哪个流派。

由大师赖特先生创始的"草原学派"和有机论的学说，倡导建筑的自然情趣，注重赋予住宅草原式的田园情趣。他特别强调建筑物的设计要尊重天然环境，每栋建筑物都应是基地独一无二的产物。只要基地的自然条件有特征，建筑就应像在它的基地自然生长出来那样与周围环境相协调。强调保持材料本色、与环境协调、体现建筑的内在功能和目的是草原流派建筑的风格特征（见图2-19）。

图2-19　赖特设计的约翰逊行政大楼和罗比住宅

此外，由赖特设计的流水别墅（见图2-20）是公认的现代建筑杰作，其室内空间处理也堪称典范；室内空间自由延伸，相互穿插；内外空间相互交融，浑然一体。流水别墅在空间的处理、体量的组合及与环境的结合上均取得了极大的成功，为有机建筑理论做了确切的注释，在现代建筑历史上占有重要地位。

兴起于19世纪末的"芝加哥学派"，是许多不同学科学派的统称，也是美国最早的建筑流派，还是现代建筑在美国的奠基者。该学派

明确提出形式服从功能的观点，力求摆脱折中主义的羁绊，探讨新技术在高层建筑中的应用，强调建筑艺术应反映新技术的特点，主张简洁的立面，以符合时代工业化的精神。该学派最大的成就是创造了高层金属框架结构和箱形基础，代表性作品是保证信托大厦、温莱特大厦等，建筑造型提倡简洁与明快、比例纯净和风格独特。

图2-20　流水别墅

在建筑领域中，历史上的建筑思潮、流派都需要我们认真关注和细细领会，包豪斯学派、费城学派、银色派等，工艺美术运动、新艺术运动、装饰艺术运动的影响等，这些对我们的风格设计有着巨大的帮助。由此，我们不得不提及"新艺术运动"和"装饰艺术运动"对设计活动所产生的巨大影响。

新艺术运动是19世纪末、20世纪初在欧洲一些国家和美国产生并且发展的一次影响广泛的"装饰艺术"的运动，涉及十多个国家，是设计史上一次非常重要的形式主义运动。这场运动实质上是英国工艺美术运动在欧洲大陆的延续与广泛传播。新艺术运动主张艺术家从事产品设计，以此实现技术与艺术的统一。设计家们认为英国文化为新艺术运动铺平了道路。但是，对新艺术发展影响最深的还是英国的工艺美术运动。

新艺术运动的基本特征：强调手工艺，从根本上也不反对工业化；完全放弃传统装饰风格并开创全新的自然装饰风格；倡导自然风格，

强调自然中不存在直线和平面，装饰上突出表现曲线和有机形态；装饰上受东方风格影响；探索新材料和新技术带来的艺术表现的可能性等。新艺术运动的风格是多种多样的，在各国都产生了影响。新艺术运动在欧洲的不同国家拥有不同的风格特点，甚至名称也不尽相同。"新艺术"一词为法文词，法国、西班牙、意大利等以此命名，而德国则称之为"青年风格派"（示例如图 2-21~ 图 2-23 所示），奥地利的维也纳称它为"分离派"，斯堪的纳维亚各国则称之为"工艺美术运动"。

图 2-21　贝伦斯的透平机车间

图 2-22　慕尼黑剧院

图 2-23　慕尼黑剧院内空间

其中，西班牙的代表人物高迪（见图 2-24），其建筑艺术风格突出了思想类型和价值观，其独特的艺术风格在建筑创作过程中更加具体化。其代表作是文森公寓及米拉公寓。

图 2-24　高迪与高迪建筑

在奥地利，由一批艺术家、建筑家和设计师组成的"维也纳分离派"在历史上也是赫赫有名的基会馆（展馆）如图 2-25 所示。这个艺术家组织中包括设计师霍夫曼、大画家克里姆特（作品如图 2-26 所示）等。该流派声称要与传统的美学观决裂、与正统的学院派艺术分道扬镳，故自称为分离派。其口号是"为时代的艺术，艺术应得的自由"。在设计方面，"维也纳分离派"颇为大胆独特，虽然有许多取材于绘画或自然题材的装饰，但往往采用一种抽象的表现形式，体式简洁，线条和几何造型连续而有力，其实，这就与当时风靡的"新艺术运动"风格所追求的自然主义有机形态相距甚远，这也体现了新艺术运动风格多样的特点。

图 2-25 维也纳分离派会馆（展馆）

图 2-26 克里姆特作品

在此，我们还要再提及著名的装饰艺术运动。装饰艺术在 20 世纪 20 年代演变兴起，到 30 年代成为一个国际性的流行设计风格，影响到建筑设计、室内设计、家具设计、工业产品设计、平面设计、纺织品设计和服装设计等几乎设计的各个方面，是 21 世纪非常重要的一次设计运动。公认的建筑代表作品当属克莱斯勒大楼和帝国大厦如图 2-27 所示。

图 2-27 克莱斯勒大楼和帝国大厦

装饰艺术运动与欧洲的现代主义运动几乎同时发生与发展，因此可以说，装饰艺术运动受到了现代主义运动很大的影响，无论从材料的使用上，还是从设计的形式上，都可以明显看到这种影响的痕迹。首先，现代主义和装饰艺术都强调几何造型，但其区别在于工艺。其次，装饰艺术强调为上层顾客服务，这就使得它与现代主义为大众服务具有完全不同的意识形态立场，也正因为如此，装饰艺术运动没有能够在后期再次得到发展，而基本成为史迹，只有

现代主义成为真正的世界性设计运动。仅从形式上看，20 世纪二三十年代的这个设计运动的风格，与后现代主义风格是有着千丝万缕的联系，而观念上也有一些类似的地方。

从思想和意识形态方面来看，装饰艺术运动反对矫饰的新艺术运动。"新艺术运动"强调中世纪的、哥特式的、自然风格的装饰主张，强调手工艺的美，否定机械化时代特征；而装饰艺术运动恰恰是要反对古典主义的、自然（特

别是有机形态）的、单纯手工艺的趋向，主张机械化的美，并为大批量生产提供了可能性。因而，装饰艺术风格具有更加积极的时代意义。

由此，可以看出领域的发展是在不断地确立又不断地反对而出现新的确立之中前行的，针锋相对，甚至是残酷的，当然还有复古情节在里面。因而，尽管我们有自己的思想，但是对流派风格，一定要有足够清醒的认知。

除上述的三种情况，还有一种风格类型就是个人风格，即反映建筑师个人艺术思维的独特风格类型。当一个建筑师历史性地形成自己的创作个性之后，他所创作的建筑作品就产生了自己特有的风格。

总之，对于风格，并不应只是单纯地理解成现代简约、田园风格、欧式风格等，我们理解的风格一定是专业的、准确的。

4. 对照有关室内设计的风格流派说法

伴随着人类房屋建造的漫长历史，应该讲，建筑设计和建筑室内设计所谓的风格是一脉相承的，这只是说，室内设计是由建筑室内装饰演进而来，而从室内设计的角度来讲，相比较而言，由于"附属"于建筑概念，因而室内装饰真正从脱离后或有相对独立的风格见解和主张而已，加之较建筑设计历史短，应是看作建筑空间设计的一种延续。

（1）简约派

主张室内设计中重要的是空间关系处理，重视材料的质感、本色淳朴，反对过多装饰，认为功能以外的装饰都是多余的。具有协调性强、庄重大方之感，同时略显刻板、沉寂的形式特征。示例如图 2-28 所示。

图 2-28 简约的医院导诊区

（2）烦琐派

烦琐派亦称新洛可可派，竭力追求夸张，具有崇高、堆砌、矫揉造作、富有戏剧性的装饰效果，重视光影效果、色彩艳丽。有着富丽堂皇、光彩夺目之势，具有动感、繁复的室内气氛的特征。示例如图 2-29 所示。

图 2-29 富丽堂皇的装饰

（3）超现实派

受后现代思潮影响，超现实派追求现实的纯艺术，力图在有限的空间内通过反射、渗透的手段扩大空间，以达到无限的空间效果，强调精神要凌驾于物质之上。空间气氛变幻、跳跃、抽象是其基本的特征。示例如图 2-30 所示。

图 2-30 超现实设计

（4）重技派

重技派与晚期现代主义思潮有关，强调反映工业技术成就，要有时代气息，推崇机械美，喜欢暴露结构形式和装修材料的质地，以及从不掩饰各种设备和管道等设备的方式，非常直率地表达。其代表作是法国巴黎的蓬皮杜国家艺术与文化中心（1977 年建成）。有逻辑性强之感的艺术特征。示例如图 2-31 所示。

（5）文脉反思派

文脉反思派明显地受历史主义和集仿主义影响，用复古的心态面对现实的一切，反映出一种强烈的怀旧情绪，强调要在历史中寻找灵感，主张古今并存、内外齐用、不拘一格的设计思想，该风格作品有一定的视觉冲击力，对比强烈，但看起来不够统一，这也是其主张的基本特征。示例如图 2-32 所示。

图 2-31 重技派典范

图 2-32 文脉情节的装饰风格

总之，室内设计中的风格流派说也总是与建筑风格流派有着千丝万缕的关联情节。

2.2 公共空间环境设计的要素

公共空间环境设计是为人服务的，也是因人而设计，一切设计活动理应从人的因素出发，创造实用美感而舒适的公共空间环境，同时，也反映了历史文脉和风格特点，建筑空间环境等精神因素与精神需求创造科学合理的空间环境。这也是公共空间环境设计的基本原则和要求。

根据使用功能、所处环境和相应标准，运用物质技术手段和美学原理，注重生理功能、心理功能需求的统一，满足人们使用功能与精神功能的双重要求，创造功能合理、舒适优美、经济适用的活动空间环境。在这个过程中，精神功能应服从实用功能。结合"人体工程学""环境心理学"等学科的融入，我们会发现，人体的触觉、视觉、听觉、嗅觉的生理反应都在直接感受着公共空间环境的氛围。

■■ 2.2.1 公共空间环境设计的物质性要求

我们所理解的公共空间环境设计的物质性要求是要符合物质上的使用要求，因此要服从于使用功能要求，它是显而易见的客观存在。公共空间环境设计是为人服务的，所以首要的就是符合人体工程学的规范；更重要的是，与其他艺术形式不同，设计要进行施工、制作并付诸使用。所以它不可避免地受到物质和技术条件的严格制约。那么，功能的物质性表现是怎样的呢？

1. 功能决定空间尺度

也可以说空间尺度受功能的制约。这里有两种情况：一是相同使用功能而因使用者使用要求不同所产生的空间尺度变化，如相同的办公空间，由于办公内容、办公人数、使用者的情趣爱好等原因，不同的空间尺度的数据会发生变化；另一种是不同的使用功能产生很大的空间尺度差异，由居室开始，依次为教室、办公室、会议室、展览馆、剧场、商场、体育馆等，它们都会因使用功能的需要而决定出相应合理的空间尺度的大小，如图 2-33 与图 2-34 所示。

图 2-33　小空间尺度

图 2-34　大空间尺度

2. 功能决定空间形态

一般情况下空间形状以方形、长方形居多，也有圆形或不规则的异形。例如会议功能、剧院功能等选择长方形形态是合理的；接待性空间，选择方形空间形态会显现等距离交谈的平等和谐气氛；卧房完全可以选择圆形空间，以示生活情趣的表达（圆形空间给人的感受集中，有温馨、亲切、怡人之感）；机场建筑空间（见图 2-35）、商业空间也都因其使用功能而使其空间形态发生有趣的变化。

图 2-35　机场的空间形态

3. 功能与空间性质的关系

所谓空间性质，是指空间朝向，以及由此决定的通风、采光和日照条件。空间性质也是由功能决定的，依据功能决定空间朝向后确定门窗开启等。我们依据使用功能分析，居室中，起居空间可谓家居中的公共空间，相对而言人员密集且日间逗留时间较长，因此要有好的朝向、采光，以及好的通风条件；而卧房空间需要的就是安静……再如，一些商业空间、博物馆空间有避光的要求，应尽量避免阳光的照射，以免对物品、商品产生辐射，功能上没有对通风有更高的要求，包括对气味的感知。示例如图 2-36 所示。

图 2-36　空间性质要求

2.2.2 公共空间环境设计的精神性要求

公共空间环境设计在满足物质性的使用功能要求的前提下，还要完成精神上的美感要求设计。设计中，精神功能是最直接的人体视觉感受，包括材料的质感、颜色效果给人的感受，以及空间组合的尺度感、形式感。这在公共空间环境设计中是最能体现精神功能需求的方面（设计中的着眼点就在于此），有着很高的设计要求，可以说是最难设计的方面。我们可以从不同的建筑风格中明显地感受到精神功能在公共空间中的存在。

下面看看精神功能在宫廷建筑和宗教建筑空间中的体现。宫廷建筑和宗教建筑在建筑史中占有突出的位置，并且取得了辉煌而巨大的艺术成就，在其空间中，精神功能的强调与突出决定着空间布局的全部。由于现代主义之前的建筑空间设计是为少数统治阶级服务的，因此说精神功能集中体现并强调了统治阶级的权利和威严，在宗教建筑公共空间中更强调神秘的气氛，突出宗教的神圣。这些建筑的共性是空间尺度的巨大，装饰风格豪华，选取的材料多具有上等和贵重的品质，空间设计风格相对而言是单一的。

由此可见，古代建筑中的宫殿、官邸、寺庙，也无论是中国的还是国外的，总是把建筑当成显示权利和财力的象征，以大尺度来显示神权和皇权。

那么，精神功能在现代建筑空间中又是如何体现的呢？建筑发展史明确告诉我们，到了现代主义时期的建筑空间环境设计，是为更广泛的使用群体大众服务，同时强调了使用功能的主导性。因此，精神功能在现代建筑空间中的表现是服从于使用功能要求的，与此同时，更是起到了完善、提高室内空间效果的作用，体现出精神功能的朴素性、流畅性、自然性的状态。有些空间环境具有博大、庄严、雄伟的精神气氛，有些给人亲切、祥和、温情的空间感受……同样，精神功能会在居室中体现无拘无束、更加纵情地表达，是一种直接的个性情趣的抒发。示例如图2-37所示。

图 2-37 隈研吾作品

总而言之，服从使用功能的精神功能体现必然是具有丰富情感的，而随之衍生并形成了多姿多彩的室内设计风格与流派，而且以多样性的方式出现。

2.2.3 公共空间环境设计与人体工程学

公共空间环境的本质特性就是具有多种尺度关系，并且是三维以上的视觉感受空间，人们活动于其中，必然会产生动态要求、视觉要求，从而转化为身心双重的感受和自然舒适的要求。因此，公共空间环境设计与人的肌体、与人的心理都有着密不可分的关联，这些关联就是和人体工程学、环境心理学、空间工程技术及与环境相关学科等方面千丝万缕的联系。

（1）公共空间环境设计与人体工程学的关系。人体工程学又叫人类工程学或人类工程学。人体工程学诞生在战争时期并最先在军事中使用，最早用于枪械、阵地战壕等尺度的计测。第二次世界大战后，人体工程学迅速渗透到空间技术、日常生活用品和建筑设计中，特别是在室内设计方面，人体工程学更加起到举足轻重和至关重要的作用。在以人为中心而设计的原则下，创造一个合乎人体尺度规范要求和心理感应，从而合理而科学的生活空间，是我们设计的最终目标。这就要求除空间尺度之外，还要对家具尺度、空间色调，包括空间温度、气味、湿度及噪声等有所计测，以更好地判断人体对它们产生怎样的反应，从而找到对人体触觉、视觉、听觉、嗅觉等反映的最佳状态。

（2）人体空间域与肌体的关系。建筑大师柯布西耶提出了一种独特的"模度"体学。如图 2-38 所示，假定身高 1.83 米站立的人，我们设 A 设为地面，B 为头顶位置，C 为手指位置，D 为肚脐位置，可以得到如下基础数据：$B-A$=1.83（米）（人体身高），$C-A$=2.26（米）（人体伸臂高），$D-A$=1.13（米）（肚脐高），$C-B$=0.43（米）（头到指尖距离），$B-D$=0.7（米）（头顶到肚脐的距离）。经过计算得出这样的一组数据：$0.43÷0.7$=0.614，$0.7÷1.13$=0.619，$1.13÷1.83$=0.617。这些比值几乎等于黄金比率 0.168 的数值，这就说明人体结构本身就蕴含着完善的比例关系，这是极为重要的信息。我们完全可依据这个比例关系来揣摩和设计人体的活动域空间、人体使用的物体，如此创造出来的空间和物体必然是完美和谐的。由此可以看出，所谓的黄金比例分割，在以人为中心的设计创作过程中，似乎是那样神奇般的巧合，又是那样重要。图 2-39 表明了人体和坐具的模数关系。

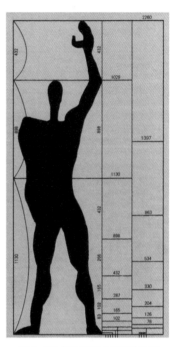

图 2-38 柯布西耶人体模数比值（单位：mm）

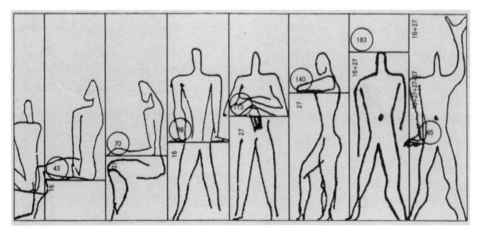

图 2-39 柯布西耶人体模数尺度（单位：cm）

人体工程学的问世，对于不同地区人体的计测，实际上越来越完善，并具有一定的代表性，对建筑空间设计、家具设计的确有着重要的意义，对相关空间和物体尺度数据的控制，可依据人们广泛的使用性来选择高百分比或低百分比的数据。那么，公共空间设计中人体工程学具体表现怎样的作用呢？

1. 空间与空间关系的确定

人体计测提供了确定室内空间的科学依据，

包括两个方面：一方面是单人的自身空间的界定，即人体动作域空间和心理需求空间。人体动作域空间就是人体在空间中的坐和站立的姿态，包括向可能的方向极限伸臂，以及以自己为中心活动所占用的空间。另一方面是两人以上的相互关系的数据界定。通常情况下，两人以上相互活动的空间域会出现平行关系、交叉关系、相对关系、相反关系等几种情形，那么，与其对应的位置便是重叠状态、交接状态、邻接状态和分离状态，如图2-40所示。有了单人活动空间域的基础，多人活动域的数据界定就会迎刃而解。

图2-40 人体空间域关系

2. 空间性质的确定

对人体的计测，更加清晰了人体本身及人体对外部环境的感觉，这也是公共空间设计把握空间性质不可忽略的一个重要内容职责，这就是测定人体对各种不同类型环境的反应。①测定人体对高温的感应。在高温的环境下，人体会增加肌体的消耗量，容易造成因精神涣散、心烦意乱而导致的疲惫状态，这时，除去设备调整方法以外，清新、合理、宁静的空间布局会从心理感受上对情绪有所缓解，要求不可阻碍通风效果、坐式空间位置安排得当等。②测定人体对低温的感应。经过计测发现，低温会导致人体出现疼痛和肢体麻木的现象，需要用设备调节，注意位置的合理，此外室内色彩搭配和空间组织的"安全感"设计也很关

键。③测定空间噪声对人听觉产生所的影响。过大和过高分贝的噪声都会对人体产生焦躁不安的刺激，同时还会带来其他的影响，这种感觉在中餐馆和商业空间较为常见，对于声音的控制或许通过空间形态来集散噪声是较为有效的方法，科学的空间格局是极为重要的手段。④测定空间的照度比值。人体活动区域内的空间环境，经人体计测，一般的比值不超过10:1，也就是说，区域空间中，光线的明暗关系的比值不得超过这个数据，否则过强的明暗对比刺激，不仅对人体眼睛有伤害，而且可造成极其不良的心理副作用，这是空间照明设计重要的技术原则。

3. 人体工程学在家具设计中的应用

人体工程学最重要的作用莫过于在家具上的作用。我们知道，人体工程学之前，人们所使用的家具是什么情况，特别是古代的家具尺度，可以说考虑人体"模度"的很少。室内设计学科兴起后，人体工程学的应用越来越突出：一是确定家具使用中的科学分类和家具设计的标准原形，依据人体各个活动姿态和活动要求来界定家具类别，如坐式家具，包括各类座椅、沙发等；立姿式家具，包括衣柜、橱柜、讲桌、柜台等；躺式家具，包括床、榻之类，用人体工程学计测数据来规定相对准确的尺度关系。二是确定家具设计的正确基准点。人体坐位基点是坐面，通过尺度的比率换算，确定准确受力点的位置，以此作为家具造型变化的依据。人体站位的基点是脚底，相应的家具高度、搁架位置、手柄、家具拉手的位置高度，同样要依据基点推测出来。三是确定家具设计的最优性能和最佳尺度，这是决定家具舒适程度的功能要求。依据人体计测情况，包括静止和活动的姿态、受力状态和环境条件，确定出家具设计的最佳尺度（即最终的各个尺度数据）。示例如图2-41~图2-43所示。

图 2-43 躺式家具

最后要说的是，除了家具的尺度数据和结构关系，家具的造型风格也是比较重要的方面。要使家具的造型风格与使用者要求的环境条件的风格形成和谐的关系，因为家具的风格特色同样会使人产生心理方面的作用。

图 2-41 坐式家具

2.2.4 公共空间环境设计与相关学科

作为短时间发展成熟的环境艺术设计学科，公认的释义说法是"建立在现代环境科学研究基础之上的边缘性学科"，环境艺术设计也是时间与空间艺术的综合，设计的对象涉及自然生态环境与人文社会环境的各个领域，既有很高的艺术性要求，同时就设计内容而言又有很好的技术含量，并且涵盖相关的学科，如人体工程学、环境心理学、环境物理学等。相关的

图 2-42 立姿式家具

学科是公共空间设计最准确的设计依据。公共空间设计是环境艺术设计系统之一，当然与其一致地体现着多元性和综合性学科的特征。

在公共空间设计中，环境心理学同样有着极为重要的作用，对于空间中硬性的设计处理会起到很好的作用。环境心理学（Environmental Psychology）是研究环境与人的行为之间相互关系的学科，它着重从心理学和行为的角度，探讨人与环境的最优化，即怎样的环境是最符合人们心愿的。同样，环境心理学是一门新兴的综合性学科，与多门学科（医学、心理学、环境保护学、社会学、人体工程学、人类学、生态学，以及城市规划学、建筑学、室内环境学等）关系密切。

在空间环境中，人的心理导致的外在活动行为是显而易见的。在空间环境里，领域性与人际距离的关系中存在密切距离、个体距离、社会距离和公众距离，这个距离关系反映了人的活动姿态和交往方式，从而产生特定而不同的空间环境心理要求。经过细致的研究，我们也明显地感觉几种心理状态的反映，动态地说明了这些心理活动。例如，私密性要求与近端

趋向的情形。由图 2-44 可以看到人群聚集区域的心理要求，公共空间中近端部位是可能达到相对私密的首选位置，是人们最先选择的去处，看来这是安全性的依托。因此，我们在空间设计时，有必要布局出更多近端位置。

再如，趋光性的心理反映了人们寻找光明的积极心态的共性，同时，人们从众的心态也是人们对新鲜事物好奇心理的体现（见图 2-45）。因此，从功能角度来讲，哪个地方是需要人群聚集的部位，就应该尝试光的明暗处理，这是达到理想效果的有效办法。

另外，对公共空间环境设计来讲，空间形状的心理感受是极为重要的信息。如图 2-46 所示，方形心理感应是稳定、规整但呆板，空间过高，给人耸立、神秘之感，但又缺乏亲切感；圆形和谐、完整，又会产生方向感不明确的情况等。因此，空间设计中，在功能要求的前提下，依据人们复杂的心理感受，适时地、科学地运用不同的空间形状变化，用空间序列的手法来完善和补充心理感受的不足，是必要的设计环节。

图 2-44　尽端趋向要求

图 2-45　从众心理的体现

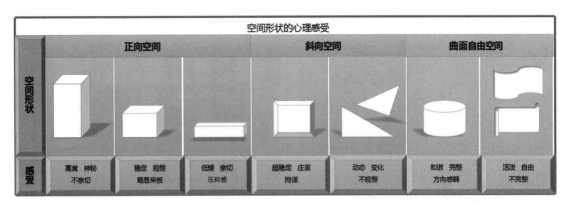

图 2-46 心理感受图

▣▪ 2.2.5 公共空间环境设计的专业关系协调与设计原则

1. 环境要求相关联的专业协调

现代公共空间环境设计是综合性极强的专业设计门类，它既包含环境、园林和工程技术方面的问题，又包括声学、光学、电学、热能等物理环境，以及氛围、意境等心理环境和文化内涵等丰富的专业性内容，必然要进行科学性的协调工作，本身也是设计师的职责。

除了考虑人体工程学、环境心理学的影响，在进行公共空间环境设计时，还要协调与专业性系统的联系，包括：①与建筑学的结构系统协调，科学合理地利用一些建筑部件。②与强弱电系统的照明、电器配置、弱点配置等协调。③与空调设备系统，设备联络、安置与空间效果之间的协调。④与给排水系统协调。这是公共空间环境中重要的环节，水循环系统隐蔽性是重中之重，同样还有室内外的水体设施。⑤地理环境、气候特征的分析等。⑥安全要求最高的消防系统协调。其中，室内空间的顶棚、

墙体设计是最直接的协调部位，同时，也要重视室外空间的消防通道等。消防系统是专业性极强、不可忽略的内容。

2. 公共空间环境设计的原则要求与要点

依据前述内容，我们完全可以清晰地梳理出公共空间环境设计具体的原则要求和主要的设计观点，结论就是：公共空间环境设计是根据建筑物的使用性质和所处环境的相应标准，运用物质技术手段和建筑美学原理，创造功能合理、舒适优美并满足人们物质和精神生活需要的空间环境。要以人为本并围绕人的生活习惯、工作状态和生产活动要求而创造出美的空间环境，按照舒适性、科学性、艺术性的要求完成设计工作。

在空间环境设计的实践中，由于公共空间中室内环境距离人更近一些，故此，我们还是要着眼于此。建筑空间室内设计的原则要求应在建筑空间形态特征的基础上，明确室内空间环境的设计要点，如图 2-47 与图 2-48 所示。

图 2-47 空间环境合度与主题性

图 2-48 空间形态特征要求

其一，以满足人的功能需求为核心。设计师首先要满足人们的心理、生理等方面对空间环境的需求，确保人们身心健康的安全性要求，从多项局部考虑，消除任何可能的不安全的隐患；实现以人为本的核心精神实质，利用多种手段，综合性地协调解决使用功能、经济效益、舒适美观和环境氛围等种种要求。

其二，加强内外环境设计的整体性。在当今建筑空间室内设计过程中，从立意到构思、从风格到环境气氛的创造，须着眼于环境的整体、文化特征及功能特点等多方面的考虑，需要对环境整体有足够的了解和分析，立足于室内空间，着眼于"室外环境"，就是所谓的空间"延伸性"设计，公共空间中，商业购物空间是极为典型的"整体性"设计要求的空间环境类型。

其三，科学性与艺术性的结合要求。这是形态空间设计必需的和一贯性的设计要求，也是本来的特质属相。在室内环境中，可以高度重视科学性以更多完善使用功能要求，也可以高度重视艺术性以更多满足精神功能的情感要求，从而达到营造气氛、愉悦心情之目的。还有就是两者间在结合中出现的协调设计问题，也要我们予以足够的重视。总之，一个高科技体现、高情感释放的室内空间环境必然会得到使用者的共鸣。

其四，时代感和历史文脉并重。公共室内空间设计必须反映当时社会生活活动和行为模式的需求状况，采用当代物质手段，完善时代的价值观和审美观，同时，应具有历史延续性，追踪时代和尊重历史，要因地制宜，以地方民族风格的特点为线索，针对和围绕历史文化延续和发展特征进行设计，从而体现历史文脉的文化性品质。

总而言之，在以建筑为依托的空间环境中，无论是建筑的室内空间环境，还是建筑的外部空间环境，都因建筑而形成，都有着与建筑概念的相通性，掌握建筑体系的基础性知识，加深对与建筑体系关联内容的了解，必定会对公共空间环境设计产生积极的影响。

第 3 章
公共建筑室内空间环境的规划设计

公共建筑室内空间环境是人们重要的活动空间环境，可以说，人们根据各种不同的功能所需，大部分的时间是在各样的公共室内空间环境中度过的，这足以说明室内空间环境不可替代的作用。本章的内容就是围绕室内空间环境规划设计进行研究，基于室内立体性空间环境的特征，着重就室内空间环境形成、室内空间环境关系和公共建筑室内空间环境的内容范畴予以深入研究和分析。

3.1 室内空间环境的构成

人类的生存环境总会有各式各样的空间构成，这些独享或共享空间帮助人们完成了所有可以完成的事情，可以说，有人活动的地方就会有空间的存在。例如，早年间的相声艺人画锅撂地，构成了露天的演出空间；郊野公园草坪中铺上衬布，那个空间就是一家人享用的野炊空间（见图3-1）；绵绵细雨中撑上雨伞就是遮雨的独立空间（见图3-2）等。

图 3-1 野炊空间

图 3-2 "伞"空间

3.1.1 室内环境的空间形态与布局要求

我们应在建筑设计的基础上，根据室内空间使用功能的需要，进行空间尺度与比例关系的调整与相应功能的布局。由界面围成的室间形状，就是依据室内各个界面的空间尺度所形成的室内空间形态，从而构成室内环境的空间布局。

根据建筑状况并结合使用功能的要求，公共空间环境室内设计的空间处理是过程中必需的一个内容，这一内容在整体空间环境中起到了骨干的框架作用，确定着空间中各个相对独立的使用功能空间、空间性质、空间类型和空间序列的关系，形成满足和适合使用需要的室内空间布局。例如，一个办公性质的公共室内空间，首先要有一个空间布局规划，依照功能需要分出领导者的办公区域、会议空间、接待空间、员工办公区域等，这些空间的形成不可能在原始建筑中被完全准确地预留出来，因为在建筑之前是无法得到办公人数、办公性质和办公方式等准确信息的。再如，演绎空间类型的室内环境，因演出形式（如话剧、相声等语言类为主的形式，器乐演奏类型的演出）的不同而不同，同为演绎剧场空间，它们却有着不同的空间布局及形态的要求。可想而知，人群活动密集的餐饮环境的空间变化就更多。

总之，诸如此类的空间处理和布局规划是室内空间环境设计的首要任务，包括平面布置、人流动向及结构体系等，对此要进行深入的了解和分析，之后对空间界面围合界面处理的统筹策划与空间组织，这是公共室内设计所必须完成的任务。

■ 3.1.2 点、线、面在室内空间环境构成中的设计运用

环境艺术设计作为由多种体、面合成的立体空间形态，所包含的专业内容和艺术规律是广泛的。其中，点、线、面的大量运用，在室内设计中的体现尤为明显，并且发挥着重要的作用。同时，还有空间构成环节等问题值得关注。

（1）"点"在空间环境中的运用

"点"的外在形态多样，有独立的或重复的组合形式，有疏密变化的，也有规律性和随意性分布的方式等，每一个点都是一个元素；而对于内在，活跃其中的内在张力才是元素，空间环境里它会有不同的表现方式、不同的功能作用，给使用者明确和不同的感受，如图 3-3 与图 3-4 所示。在空间设计的运用中，"点"起着不可或缺的作用。在实际运用时，连续出现的点元素可保持空间的连续性。点也可作为功能的明确，如引导标识、拉手等，还可以是纵向或横向的群组方式，丰富空间的层次。

图 3-4 "点"空间连续

（2）"线"在空间环境中的运用

如图 3-5 所示，"线"是点在移动中所留下的方向轨迹。所以说，它可以被称为设计的第二元素。"线"不仅有长短，而且有粗细，因此，"线"也同时具有"面"的属性（见图 3-6）。空间的方向性和长度是构成线的主要特征。我们看到和感受到的线具有各种的形态，即有长和短的线形、粗和细的线形、直线，又包括水平线、垂直线、斜线，还有几何曲线、自由曲线等各种曲线的形态。我们可以将室内空间感受线形概念用来对空间感觉的判断，同时，也可以用线形元素直接表现某个具体的界面，体现空间中的线体元素特征。

图 3-3 "点"空间运用

图 3-5 "线"空间运用

图 3-6 "线""面"空间运用

（3）"面"的元素

如图 3-7 所示，"面"是由"点""线"密集构成的，自然会有一定的体量。由于体量关系，"面"在空间构成中的作用是显而易见的，在空间中用面的元素来划分空间区域是一个最捷径的方式，可以用不同的材料、不同的配置、不同的色彩来界定。同时，空间内通过不同界面的变化，还会形成不同的、我们需要的风格和特征。在空间设计中，"面"协调和统一的处理是极为关键的，是任何一种风格都应遵循的规律。"面"的规划设计为我们提供了更多的发挥余地，同时，也需要谨慎地规划设计，切不可粗制滥造。

图 3-7 "面"空间连续

■ 3.1.3 室内空间环境构成所产生的空间感受

在室内环境的空间构成环节中，除了上述的点、线、面的运用之外，还有一些空间构成环节需要注意，就是分析空间的比例关系、尺度关系和形态关系让我们产生怎样的感受，以及如何感受和把握好空间气氛。

我们所讲的空间感受，就是人于空间中受到的来自建筑室内空间的影响和随之而来的本能的心理感触和反应，说明了其重要方面，这就要求设计师科学合理地掌控室内空间中的比例关系和尺度关系，以及同时考虑室内空间形态对人的影响等。

所谓的比例关系，就是研究物体本身三个方向量度间的关系（见图 3-8）。要考虑建筑室内空间的均衡性、稳定性的问题，这是指空间构图中各要素之间相对的轻重关系。在一个和谐的环境氛围中，总要有主体物、次体物和附属物的存在（见图 3-9），而多个层面的比例关系是很重要的体征，包括体量感、方向感、材质感和色彩感的比值关系，以此创造出良好的主次关系，达到使用和精神上的双重功效。这个问题在建筑室内空间设计中极其重要，如处理不当，会对活动在其中的人产生焦躁不安、不知所措的心理影响。不仅建筑室内空间环境设计是这样，可以说，任何不完善的艺术都有比例问题，只有比例和谐的物体才会引起人们的美感，这是设计中艺术性体现的共通要求。

图 3-8 方向量度关系

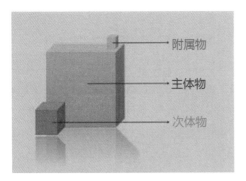

图 3-9　物体量度关系

　　空间里的尺度关系控制更是决定了我们的空间感受，起着重要的作用。室内空间的尺度感应与功能性质一样，一般来说，对于空间感，我们归纳和简化的理解就是"大"和"小"的变化。尺度感过大的空间，难以给人亲切和谐的安定空间气氛，从艺术性要求来讲，更适于庄严而宏大的功能空间所需要的那种氛围（见图 3-10）。尺度感还有空间高度的影响，室内空间高度存在两种情况：一是以人体高度为标准的绝对高度，空间高度过低会使人产生压抑感（见图 3-11），相反，过高会感到空旷和不安定；二是参照室内空间面积的相对高度，过低的尺度会产生强烈的地面和顶棚的吸引力。欧洲的教堂等宗教建筑，众人聚集的大会堂空间，以及商业购物空间等环境都是比较典型的例子。

图 3-10　庄严而宏大的空间

图 3-11　狭窄的空间

3.1.4　室内空间环境的基本类型与特征

　　前面我们就空间形成的环节进行了简要的分析，并由此得到一个结论，室内空间并非是一个单独而完整的个体空间，而是由多个相对独立的空间单位组合而形成，这就要在建筑空间基础上进行空间的再次划分，这势必出现不同的空间类型。空间类型划分有几个不同的方式，其说法也不是特别统一，下面先回到建筑本体里开始划分类别。

1. 建筑空间性质划分

　　建筑空间按性质划分为内部空间和外部空间。我们所说的室内空间就是建筑的内部空间。内部空间又可分为固定空间和可变空间两大类别，这是建筑空间最先的一种可见类别划分。

　　（1）固定空间（见图 3-12）。随建筑建造而成的，并由顶面、墙面和地面围护而形成的固定空间就是第一次空间。它常是一种经过深思熟虑的使用不变、功能明确、位置固定的空间，并以固定不变的空间界面围隔而成。它的空间范围明确，各个空间之间有明显的界限，私密性稳定。同时，它也可被称为实体空间。

图 3-12 固定空间

（2）可变空间（见图 3-13）。在固定空间中，利用移动隔断、隔墙、屏风或家具等设施，采用灵活可变的分隔方式，所形成的不同空间为可变空间（被称为第二空间）。另外，固定空间又可分为实体空间和虚拟空间两类。实体空间有明确的区域界线，有较强的封闭性和私密性，近乎于"固定空间"一致的空间类型特征，这里不再多叙。

图 3-13 可变空间

另外，固定空间又可分为实体空间与虚拟空间两类。实体空间有明确的区域界线，有较强的封闭性和私密性，近乎于"固定空间"一致的空间类型特征，这里不再多叙。虚拟空间类似于可变空间"空间的空间"的特征，由于处在固定空间内并与其相贯通，也被称为空间里的空间。虚拟空间的空间范围界限并不十分明确，私密性较差，在室内空间中，虚拟空间具有功能交叉的特征。另外，虚拟空间虽然范围界限不清楚，但在界定的空间内，经界面的局部变化而再次限定的空间形式，有能够被察觉的独立性特征，故而又被称为"心理空间"，其虚拟的定性就在于此。由界面限定所出现的，如区域间的落差与顶棚的升降变化，或以不同的材质、色彩、照明设施、陈设限定空间等，很容易被人察觉到，如图 3-14 与图 3-15 所示。空间与空间之间、走道、空间结合部位是最容易出现虚拟空间的。虚拟空间的设计布局，相对于实体空间会有一些难度，设计要求和设计技巧也会更高一些。特别在一些功能性密集又相互联系的空间中，如按照各自功能做实体空间显然是不合理的处理方法，这时如采取虚拟空间的方式既完成了功能要求，又会产生妙不可言的空间效果，如酒店空间大堂区域，各类服务与客人等交织在一起，采取"虚拟"的空间处理就会收到理想的效果。

图 3-14 虚拟空间（交通暗示）

图 3-15 虚拟空间（区域暗示）

2. 建筑空间形态划分

建筑空间按形态划分为封闭式空间和开敞式空间两个类型。它们也是室内空间较为典型的划分方式。

（1）封闭式空间

封闭式空间相对来说是静止的、凝滞的，是与外部空间联系较少的空间形式。采用封闭式划分的目的，主要是对声音、视线及温度等进行隔离，有利于隔绝外界的各种干扰并形成独立的空间，这样相邻空间之间会很安定。这类空间具有较好的私密性，富于安全感。它有流动性较差、空间变化受到限制的不足，与开敞空间相比，显得空间较小，给人严肃的、安静的、沉闷的感觉。一般利用现有的承重墙或现有的轻质隔墙隔离出封闭式空间。

（2）开敞式空间

与封闭式空间相反，开敞式空间与外界空间联系较多。开敞式是外向型的，限定性和私密性较小，强调与空间环境之间的交流、渗透，讲究对景、借景、与大自然或周围空间的融合。它可提供更多的室内外景观和扩大视野，开朗、活跃而通畅，具有吸纳性的、开放性的空间艺术特征。从使用功能来说，开敞式空间的灵活性更大一些，便于经常改变室内布置。从精神功能的心理效果上看，开敞式空间常表现为敞亮和活跃的状态。开敞式空间联系较多，无围体或多采取玻璃、透窗等材料和手法进行空间分隔，商业空间布局会更多一些，如图 3-16 所示。

图 3-16 开敞式空间（商业卖场）

开敞式空间又分外开敞式空间和内开敞式空间：外开敞式空间就是室内空间的一个或多个面与外部空间的渗透（采用玻璃等通透性材料，如图 3-17 所示），使内空间和外空间之间产生良性的延伸；内开敞式空间就是在内部空间抽出围体部分形成空间的做法，还可以将玻璃围体全部去掉，形成全开敞式空间。

图 3-17 采用通透性材料的开敞式空间

空间类型还有动态空间和静态空间的划分方式，这样的空间划分更具有行为动态的特点，使人感到室内空间中的生命力的存在。

动态空间亦称"流动空间"，就是有利用机械、电器、自动化的设施和人为的活动等复杂因素存在的空间。例如楼梯、走廊、通道等，就是有室内交通流动功能的"动态空间"。由观察可知，动态空间也是有着垂直方向和水平方向的运动轨迹（见图3-18与图3-19），无疑是它的形态特征，垂直中有折线、弧线和直线（电梯）等，水平方向有直线、坡面线、起伏线等。动态空间要组织引入流动的空间序列，其方向性较明确，具有相对的开敞性与视觉的导向性特点，其空间的界面（曲面）组织具有连续性和节奏感，空间构成形式则富于变化性和多样性，常使人们的视线从这一点转向那一点，贯穿而流畅。加之光怪陆离的光影、生动的背景音乐、室内瀑布喷泉等，形成空间中的动势状态现象，体现着动态空间的特征。

图3-18 垂直动态空间

图3-19 水平动态空间

静态空间限定性较强，趋于封闭型，多为尽端区域房间，一般为序列中的末端，私密性

较强。静态空间的特征：形态与形式多为对称型空间和垂直水平界面处理，除了向心或离心以外，较少有其他倾向，构成较单一的，表现为较清晰明确的、一目了然的空间形式，达到一种静态平衡的稳定感；装饰上追求空间及陈设的比例和尺度关系协调，色彩淡雅和谐的简洁格调。当然光线柔和也是界定"静态"的参考内容。

此外，还有一种空间肯定性与模糊性的界定方式。界面清晰明确、领域感较强、私密性较强的固定空间、实体空间、封闭式空间和静态空间均被称为肯定空间。似是而非、模棱两可、无实称谓的空间，通常被称为模糊空间。在空间的性质上，它常介于两种不同类别的空间之间，如内部空间和外部空间之间以及开敞式空间和封闭式空间之间等。就是说，它是难以界定其空间的归属、可此可彼的类型。

上述的空间划分出的几个基本类型，基本上包含了空间类型和划分方式。那么在此基础上，我们还可以挖掘几种不同的划分方式来进行空间类型的划分，增强对空间形式的理解和认识，就此简单地介绍一下。

3. 其他方式的划分

（1）列柱划分

这是被我们常常使用的空间划分方式，有时直接使用建筑结构的柱子，这时出于结构的需要而设置柱子；有时也用柱子来分隔空间，丰富空间的层次与变化。柱距越近，柱身越细，分隔感越强。在大空间中设置列柱，通常有两种类型：一种是设置单排列柱，可等分，也可以侧分；另一种是设置双排列柱，同样可以采用等分或侧分的方法。商业空间、展览空间采用列柱划分的方法是比较常见的。示例如图3-20所示。

（2）局部空间划分

采用局部空间划分，其目的是减少视线上的相互干扰，分隔声音等。局部空间划分通常利用高于视线的屏风、家具、矮墙或通透隔断等（见图 3-21）。这种分隔的强与弱要依据分隔体面的大小、形状、材质等方面的不同而确定。局部空间划分有一字形垂直划分、L 形垂直划分、U 形垂直划分、平行垂直面划分等方式，多用于大空间内划分小空间的情况。

进行空间划分。常用方法有两种：一是变化地面高差，即将室内地面局部提高或将室内地面局部降低，如图 3-22 所示。二是变化顶面高差。变化方式较多，可以使整个空间的高度增高或降低，也可以在同一空间内通过看台、夹层及悬板等将空间划分为上下两个空间层次，既扩大了实际空间领域，又丰富了空间的造型效果，如图 3-23 所示。商业空间常常采用这种方式来展示物品。

图 3-20 列柱划分空间

图 3-22 变化地面高差

图 3-21 局部空间的划分

图 3-23 变化顶面高差

（4）共享空间

共享空间是空间概念中划分出的一种类型。从空间处理上看，共享空间是一个具有运用多种空间处理手法的综合体系。它在空间处理上，大中有小、小中有大，外中有内和内中有外，相互穿插，融会了各种空间形态，变则动、不变则静。单一的空间类型往往给人静止的感觉，多样变化的空间形态才会给人灵动的感觉。大

（3）高差变化

可利用基面或顶面的高差划分空间，所谓高差，就是在空间垂直方向采用"抑扬法"来

型购物空间常常通过这样的空间划分形式来营造气氛，如图 3-24 所示。

图 3-24 共享空间

（5）母子空间划分

人们在大空间中一起活动、交流，有时会感到彼此干扰，缺乏私密性，空旷而不亲切，而在封闭空间虽能够避免上述缺点，但又会产生长时间逗留的不便和空间沉闷、闭塞的感觉。母子空间是对空间的二次限定，是在原空间中用实体性或象征性的手法限定出小空间，将封闭与开敞相结合，在许多空间被广泛采用。餐饮空间、医疗空间、办公空间和商业空间也都有很多区域适合用这种空间划分方式进行处理（见图 3-25）。

图 3-25 母子空间划分

还有就是所谓的特殊类型空间划分。①凹入空间划分形式。凹入空间是在室内某一墙面或局部角落凹入的空间，是在室内局部退进的一种空间形式，也就是外部空间向内部空间的渗入。这种形式在入口设计中运用比较普遍。②外凸空间划分形式。凹凸是一个相对的概念，如外凸空间对内部空间而言是凹空间，对外部空间而言是凸空间，也就是内部空间向外部空间延伸。大部分的外凸空间希望将建筑更好地伸向自然、水面，获得三面临空的效果，饱览风光，使室内外空间融为一体。

总而言之，建筑室内空间的类型是丰富多彩的，根据理解状况，尽管其说法并不那么完全统一，但是从不同空间类型的基本特征看，其实它们还是有许多共性或近似的认识，如说法中的"开敞式"和"开放式"相近，再如"固定空间"和"封闭空间"的相像等。只要我们抓住类型的形态特征，一切就会迎刃而解，就会游刃有余地把握好室内环境的空间设计。

3.1.5 室内空间环境的分隔与协调组织

大体了解空间类型后，面对各种室内空间类型，我们一定能有效地进行空间的协调组织。空间的分隔与联系的技巧是解决问题的关键。

1. 空间的分隔与联系

空间的分隔就是建筑空间基础上重新组合，形成新的且符合要求的空间类型。在通常情况下，室内环境各空间的组合，是依据不同的使用目的，对空间在垂直和水平两个方向进行各异的分隔（见图 3-26 与图 3-27），为人们提供良好的空间环境，满足不同功能的活动需求，并达到物质功能与精神功能的统一。空间的分隔涉及空间形式、空间比例、空间尺度、空间方向性、形态构成及其整体布局等每个环节，需要设计师按照艺术规律合理地协调组织，围绕使用功能，按照合理适用的空间类型划分，形成理想的空间关系组合，所分隔层次包括入口、天井、庭院等部位的室内外空间范围。空间的联系就是内部各个空间类型之间的相互关系，如封闭与开敞、静止与流动、空间过渡的开合与抑扬组合，表现空间的开放性与私密性关系，以及空间的性格关系。

图 3-26 水平方向的分隔

图 3-27 垂直方向的分隔

2. 空间的协调组织

建筑室内空间的墙、隔断、阻隔物是静止不动的，但可以用它们组织室内空间环境。一个引人流动的空间序列（见图 3-28），无论是住宅建筑空间，还是公共空间，都是存在不同功能要求的，自然形成了大小各异的室内空间，形成固定的实体空间或封闭式空间、虚拟或可变空间、动态或静止空间等。这些空间的组织设计是非常重要的，也由此形成方向性明确、不明确或介于两者之间的流动空间。在所涉及的空间环境中，由于功能的需要，流动的空间序列方向性明确与否的差异是很大的。例如，展览馆和博物馆功能空间的空间序列就是方向性明确的，甚至是强制性的。它们彼此的空间组织关系，首先是由顺序性较强的内容组成的，再就是依据展览、展陈功能特点决定空间形式的组织。其手法采用色彩变化或地面铺设形式、材质的变化来强调方向性。也可用标识的方法处理成有机的空间序列，人们可以根据这些线索行走、运动。

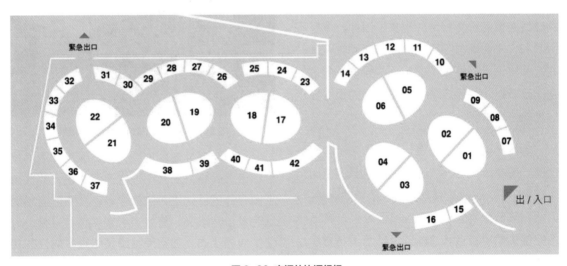

图 3-28 空间的协调组织

对空间序列方向性不明确的空间，多为多向性空间（见图3-29）。例如酒店的大堂共享空间、娱乐空间及商业空间等，这些空间由于功能的交叉频繁，故而会出现动线，就需要利用彼此各空间的呼应、对比手段来协调整体的空间之间的关系，并要有意识地解决好功能越来越多、越来越复杂的室内活动空间。

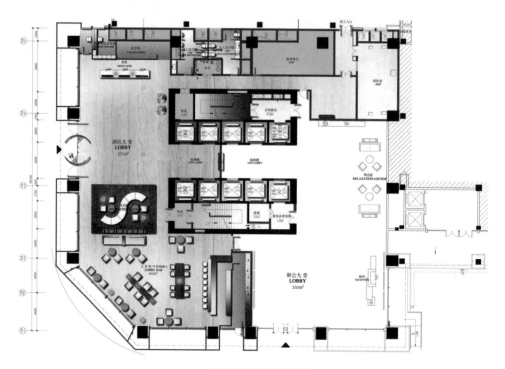

图 3-29 多向性空间

准确地说，商业的卖场空间是介于明确和不明确之间的流动空间，源于其功能特点，尽管有明确的经营区域和流动通道，但是，顾客的动线经常有重复移动的现象。因此，属于不明确和介于明确与不明确之间的流动性空间，在空间协调组织中除了使用一些强调方向性的空间暗示以外，还应采取一些必要的视觉导示设施的处理手段。

例如会议性质的旅馆，其性质带有时间概念的严谨性，门厅应采用庄重气派的氛围空间，以满足参会人员社交活动集中聚散的功能要求，因而，其他附属的小空间应减弱效果，突出门厅完整的功能特点和清晰的流动暗示与导示，功能指向性应是明确的，以免影响会议性质的功能特点，如图3-30所示。

图 3-30 会议性质旅馆空间的协调组织

再如度假性质的旅馆，依据休闲性质的放松和慢节奏特点，其门厅宜活泼亲切，并且用空间延伸的手法进行空间设计，让旅游者感受庭院或自然风光，将旅游者带入精神轻松、心情愉快的状态。其空间组织要体现多向性的功能特点，完全适于不明确方向性的流动空间性质（见图3-31）。

图 3-31 度假性质旅馆空间的协调组织

在这些公共活动的空间环境中，空间组织常常会创造出一些亲切宜人的"小环境"空间环境，使人有一个闹中取静的"世外桃源"的空间。当客流大时，这个空间是相对安静的角落；当客流小时，它又是不失亲切感的意境空间。这是以对比的手法达到整体空间的立意，同时也体现了各空间的有机感，相互依赖、相互衬托，通过对比和引导达到整体空间的统一。

3. 空间的过渡与引导性

空间的过渡和过渡空间，是根据人们日常生活的需要提出来的。过渡空间的性质包括实用性、私密性、安全性、礼节性等多种性质，其性质是完全依照人的活动习惯和心理需求而设定的，我们毫无例外地遵循着这一带有生活秩序的行为原则，完全是一种硬性的使用功能要求。此外，过渡空间还常作为一种艺术化手段起到空间的引导作用。这种艺术化手段的运用，弱化了空间关系过于生硬、不够协调和统一的"单打独斗"的局面，同时，大大提升了室内空间的感受品质。

过渡空间作为前后空间、内外空间的媒介、桥梁、衔接体和转换点，在功能和艺术创作上，有其独特的地位和作用。过渡的形式是多种多样的，有一定的目的性和规律性。空间本身在过渡性规律上，就是由这个空间类型"逐渐"到另一个空间类型的过程，如表 3-1 所示。

表 3-1 空间的过渡

公共性	半公共性	半私密性	私密性
开敞性	半开敞性	半封闭性	封闭性
室外	半室外	半室内	室内

其实，过渡空间也常常起到功能分区的作用，如动区和静区、净区和污区的过渡地带。过渡空间中的引导性是非常重要的，空间中的引导性设计实际上在空间环境组织设计时就已经开始。那么是怎样的情况呢？首先是空间界面装饰的诱导，地面材质的方向性，哪怕是一块地毯，还有顶棚、墙体的主线暗示等；通过空间分隔暗示着另一个空间的存在；室内门洞、漏窗的吸引、暗示出的好奇心理；漫步中曲径通幽的诱惑；特别是室内楼梯、电梯间等直接的交通设施，更是起到了最直接的引导作用。示例如图 3-32 与图 3-33 所示。

图 3-32 入口引导

图 3-33 交通过渡暗示

总之，空间过渡也好，空间引导性也罢，一切的动向都是为人方便使用服务的，应在空间允许的范围内进行，掌握得恰到好处，动、静相宜地把握分寸，这是设计师的要求，目的是下一个"空间序列"的课题。

■■ 3.1.6 室内空间环境的序列协调统一

首先要说的是，现代室内空间的形式与综合性的功能作用具有密切关系，这就要求我们，在布局上打破对称格局的局限，这是空间布局上的要求；新材料、新技术的运用要求，为我们提供了形体上的灵活和多变、充分的条件，从而丰富了空间处理形式和手段；空间序列关系相应有了更加缜密、更加生动和更加合理的趋势要求，也就是说，有秩序组织出来的空间序列，一般经过几个过渡达到高潮，而每个空间均有承上启下的作用。

空间基本上是一个物体同感受它的人之间产生的一种相互关系。空间以人为中心，人在空间中处于运动状态，并在运动中感受、体验空间的存在，空间序列设计就是处理空间的动态关系。由此，我们可以想象，将空间体验按照常态的思路，就像一部曲子一样，从起始到结尾会产生不同的韵律，如同序曲，由起始阶段开始至结尾，经过几个跳动的阶段，完成一

个充满丰富韵律并且优美流畅的空间序列过程。我国江南的苏州园林的布局可谓是空间序列的典范，最有代表性的是拙政园（见图 3-34）和留园（其中的冠云峰如图 3-35 所示）。它们共同的特点就是，从入园到出园结束，全程的浏览路线始终保持韵律节奏的变化，在无察觉中感受着其中的起始、过渡、高潮和结尾，已然达到经典极致、惟妙惟肖的境界，值得我们在公共建筑室内空间设计中借鉴和学习。下面按照各个阶段进行分析。

图 3-34 拙政园

图 3-35 留园冠云峰

（1）起始阶段

该阶段是空间序列的开始，它预示着将要展开的内容，给人身心的第一印象就应具有足够的吸引力和个性来控制住局面，以提升和调动来访者对于之后环节的兴趣。这一点，在商业购物空间更是有极高的要求，如顾客连进入

卖场的心情都没有，谈何销售之事。所以说，开始阶段一旦出现那种软弱无力、毫无生气的状态，就会直接对后续内容产生负面影响。

（2）过渡阶段

它是起始后的承接阶段，又是高潮阶段的前奏，在序列中起到承上启下的作用，是空间序列中关键的一个环节。过渡阶段对最终高潮的出现具有引导、启示、酝酿、期待及引人入胜等作用。公共室内空间设计在这个空间序列阶段，除了本身形态上的考虑之外，在一般情况下，要设置一些引导性的内容，或承接起始阶段一些引导性内容布置（如在医院空间的导诊台、酒店空间的接待等候区域等空间布置引导性内容），为下一阶段做好准备。

（3）高潮阶段

高潮阶段可谓是全序列的主题中心思想板块，它也是空间序列的最精华和目的所在，更是空间序列艺术的最高体现，在设计时一定要考虑期待后的心理满足和激发情绪推送而达到高峰，为前序各个阶段负责。在公共建筑室内空间环境设计中，这个阶段往往是最重要的标志性功能区域，是人们最期待的空间地带。例如 20 世纪北京十大建筑之一的人民大会堂的主会场，作为高潮区域容纳万人的巨大空间，装饰设计上气势恢弘、庄严雄伟，浑圆的巨大顶棚配以满天星的照明设计，抒发着光明与兴盛和团结与幸福的主题寓意，这些或许就是空间序列中人们所期待的高潮阶段。

（4）终结阶段

由高潮渐渐恢复平静后到达的结尾部分，是终结阶段的主要任务。良好的终结有利于对高潮的追思和联想，同时得到了期待的满足，且有意犹未尽之感。室内空间环境序列至此，通常是接近室外的地方，因此，舒缓以后的心境可能会转入新的空间领域之中，也算是一个完美的过程。示例如图 3-36 所示。

图 3-36　留园全景浏览线的空间序列

值得注意的是，在空间序列的设计中还有一个要求，那就是要特别注意节奏感、韵律感的把控设计，这也是空间构成中很重要的方面。在大自然中，我们会发现，许多现象由于有规律的重复出现或有秩序的变化而激发人们的韵律感。有意识地加以模仿和运用，从而创造出各种具有条理性、重复性和连续性的美的形式，即韵律美。在室内空间群体里，特别需要如此的节奏。就像陶渊明《桃花源记》所描述的那样"沿岸荡舟穿洞而见满目桃花"其豁然开朗且无与伦比的优美意境，就充分体现了"有秩序的变化"的节奏和韵律。

在实践中，一定要掌握好原则性要求，按不同类型建筑对序列的要求，做好以下几项工作：一是序列长短的选择，如主题性明确而单一的功能空间，空间序列应更直接一些，避免喧宾夺主。二是序列布局类型的选择。依照功能来选择庄重型的、欢快型的、展宣型的等，如办公空间与娱乐性空间就有很大区别。三是高潮的选择。一般性的规律是，将高潮部分放在中间偏后一些，接近结尾；也可放在前半部分，但在结束前还应有一个主题呼应。

空间序列的设计手法也有几个要点：一是要把控好空间的导向性，就是空间序列的流线清晰明确，空间关系合情合理，切忌杂乱无章的无序状态；二是视觉中心的突出，在主要功能的前提下，明确主题创意和积极的思想内容，突出格调与品质，展现空间序列的高潮部分，明确轻重关系；三是空间构图的对比与统一的处理。这是做好空间序列秩序的重点，也是掌握空间大格局的要点。

此外，还有以下细节处理手法。引进大自然原生态型空间序列的手法；借鉴我国古代园林空间布局艺术，尤其是以借景和透景见长的高超艺术手段；空间中引入如瀑布的流水声、多彩迷人的灯光等科技手段；前面提及的引导性的技巧运用等一目了然的示意方法等。应灵活运用这些细节处理方法，营造出趣意横生而优美的空间序列环境，如图 3-37 所示。

图 3-37 影院空间序列

总之，人们的每一项活动都在时空中体现出一系列的过程，静止是相对暂时的，这种活动过程依据其空间功能特征，有一定的规律性或行为模式。

3.2　室内空间环境的装饰装修艺术

公共建筑室内空间设计的范围是广泛的，涉及的学科很多，因此，在一定的程度上要求设计师具备较完善的科学技术知识和文化艺术修养。谈及装饰装修艺术，重要的是弄清楚公共空间室内环境具体的设计内容，结合空间塑造的原则、技巧，以及专业协调等一系列的相关事情，才能有针对性地完成这个任务。

3.2.1　室内装饰装修艺术与空间塑造原则

这里主要针对公共建筑室内空间环境设计的重要内容展开分析，即室内环境装饰装修艺术设计。室内装饰装修是室内设计由精神文明（设计文案）向物质文明（设计施工）转换的一个重要环节，这其中包括材料选型运用、工艺技术、专业协调等一系列专业技能的知识应用。因而，装饰装修认知就是解决室内设计中的物质性问题的具体手段。

所谓室内环境的装饰装修，就是在原建筑基础上，经过空间处理和空间布局之后，包括顶面、墙面和地面等空间维护体的装饰做法，以及建筑局部、建筑构件造型、部件纹样、室内色彩和材料肌理质感等处理手法。在装饰装修的过程中，应采用科学的施工方法进行工艺技术处理，艺术性地展现所使用材料的质感。

既然是围绕空间的设计，我们就必须先确定一个"塑造"的原则。内部空间的多种多样的形态，都具有不同的性质和用途，它们受到决定空间形态的各方面因素的制约，绝非任何主观臆想的产物。因此，好的室内设计师好比一个神奇的魔术师，要善于利用一切现实的客观因素，对同样的一种空间形式，经过创造美感及心理感受的设计原则、规律及技巧，拟造出不同美感及心理感受的空间，甚至弥补建筑空间尺度的不足及使舒适的空间锦上添花在此基础上结合新的构思，特别注意化不利因素为有利因素，这才是室内空间创造的唯一源泉和正确途径。

在设计实践中，我们要抓住点，使之准确、生动地展现设计构思，获得理想的设计效果。具体要做到以下几点：①结合功能需要提出新的设想，在忠实于功能的基础上提出主体性的设计概念，贯穿于始终的设计过程；②结合地理位置、气候条件等自然条件，因地制宜地进行设计组织，详尽地细致分析研究环境条件，做出实施的准确判断；③做好建筑空间布局与结构系统的统一与变化方面的设计；④结合形式的创新，要客观而认真地对待，切忌盲目地为创新而创新。

■■ 3.2.2 空间围护体界面的装饰装修艺术

空间围护体界面指对室内空间的各个围合面，包括顶面、地面、墙面及隔断，要依据对各个界面的使用功能和特点的分析，设计界面形状，纹样、图形、线脚，材质肌理构成以及界面和结构构件的连接构成如水、电、风等管线设施的协调配合等。

1. 顶面天花的艺术处理

顶面天花是空间中水平方向的一个体面，

由于是在人体上方，顶面对空间感受的影响远远大于地面的作用，加之是空间中无法活动行走的部位，对人的视觉来说是一览无余的，可见顶面是相当重要的。顶棚天花的处理会对整个空间的效果起着决定性的作用。同时，顶棚是重要的建筑结构部位，肩负着室内装修的照明、新风系统、消防设施系统等，也是装修中与各专业系统协调最多的部位。

顶棚艺术处理的前提是依据建筑构造情况，结合功能性的效果要求，可归纳出两大种类情况，一类是暴露结构的方式，另一类是掩盖结构的方式。如果还有一类，就是介于这两类之间的"半露半遮"的处理方式（见图3-38），一般是在原结构形式的基础上对其进行适度的掩饰与表现，以展示结构的合理性与力度美，是对结构造型的再创造。

图 3-38 半遮蔽顶棚

（1）暴露结构的方式

如果建筑结构或建筑构件不仅符合装饰装修总体效果的要求，同时达到审美价值，我们就完全可以选择暴露结构的处理方式。中国传统古建筑的木作结构可谓这种方式的典范。建筑史进入现代主义后，随着建筑建造技术的不断发展，在现代建筑空间中，直接暴露构件的装饰案例随处可见，包括新建筑的玻璃屋面的建筑结构。特别是近几年，带有主题思想的个性风格化设计的作品，原封不动地使用水泥结构的"毛坯"效果，有些作品甚至追求岩洞、山体建筑的效果来体现个性。示例如图3-39所示。

图 3-39 暴露结构顶棚

（2）掩盖结构的方式

建筑结构或建筑构件不符合装饰装修总体效果的要求时，设计师往往都希望用自己的智慧将其按照总体设想进行有效处理，为设计留出更大的空间。说到掩盖的方式，就形态细分的话有平顶、坡顶、多级落差顶和异形顶之分，其掩盖形式有平面形、弧面形、直线形、弧线形、格子形等，突显了点、线、面结合的构成理念。我们所了解的中外建筑体系，都有非常经典的顶棚天花的案例，如中国的藻井式天花、井口式天花及近现代的主题性天花等，可谓精美绝伦。在现代公共建筑中，顶棚天花的装饰方式更是别出心裁的大胆，设计师按照不同项目总体功能和主题思想的要求，并依据顶棚尺度的大小关系，决定"掩盖"的处理方式，对同种材料和不同材料之间的搭配进行艺术处理，丰富了顶棚的层次，达到新颖独特、富有现代感的装饰效果。

在空间中，顶棚上的颜色会影响空间尺度的心理感应。顶棚天花色彩明度较重，会有降低空间高度且水平扩充空间的效果。这也充分说明了顶棚天花的艺术处理需要更加综合性的思维意识。

2. 空间墙面的艺术处理

公共空间环境中的墙体是垂直方向的围体界面，承接顶棚并连接地面，在空间中，人们大部分时间的视觉落点是在墙体上，常规的视觉作用已然超过了顶棚和地面，不仅有视觉感知，也有触觉感知。另外墙体上的门洞、窗洞，以及装修后的陈设饰品、家具和家电设备等，都会与墙体发生密切的接触。因此，公共空间环境的墙体艺术处理，一定要考虑这些因素的存在。

墙面是室内外环境构成的重要部分，不管用"加法"，还是用"减法"进行处理，都是装饰艺术、陈设艺术及景观展现的背景和舞台，对控制环境的空间序列、创造空间形象具有十分重要的作用。墙面装饰设计的主要作用：一是保护和修整墙体，二是满足装饰空间和使用的需求。

墙面的形态处理，如室内墙面线形的不同、花饰大小的各异、色彩深浅的配置及材质的不同，都会给人们视觉上不同的感受。在一个有六个面体做维护体的固定空间中，同时进行墙体的垂直分割或水平分割，给人们不同的视觉感受，垂直分割的空间给人空间增高的感觉，而水平分割的空间则给人空间降低的感觉。可以根据这一特点来选择适合的装饰趋向。

墙面装饰形式与装饰风格有着密切的关系，除了中国传统和欧洲古典等民族风格流派的"定式"以外，应该说，现代建筑装饰更自由、广泛，其装饰的空间余地更大，可以通过不同的造型方式、色彩、材质肌理，按照主题意愿的比例关系、尺度关系的手段来处理。其中，墙面的材质肌理效果起到的作用更显著。目前有多种材质肌理类型供设计师选择。涂料类型的饰面，有乳胶漆、海藻泥等，包括图案墙绘；贴面类型的饰面，有各类贴面材料，如石材、装饰砖、壁纸等，可依照总体要求量体裁衣；结构类型的饰面，有木质合成板、金属饰板、玻璃板和吸声板。这些装饰类型可单独使用或几种综合使用，依据墙面结构情况而定。示例如图 3-40 与图 3-41 所示。

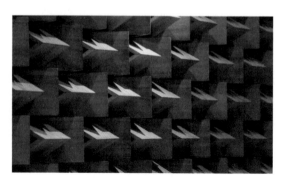

图 3-40 点式装饰

图 3-41 水平流线装饰

总之，公共建筑的墙面处理的建筑功能极强，功能要求也非常直接，如对声音要求高的公共空间，处理起来就要科学准确，否则，后果不堪设想，将直接影响空间功能的使用。

3. 空间地面的艺术处理

地面与顶棚同样处于空间的水平位置，两者相互对应，对人的感知具有触觉和视觉的双重作用。人在步入空间前，要下意识地看看脚下的情况，故而，地面的空间导向作用最关键。同时，地面除了承载着人体本身，还承载人所使用的家具及其他物体设备。与顶棚作用一样，地面影响着空间尺度感受，如地面颜色较重时，给人空间高度增加的视觉感受。

不同的地面材质给人以不同的心理感受。木地板因自身色彩肌理特点，给人以淳朴、幽雅、自然的视觉感受；石材给人沉稳、豪放、踏实的感觉；铺设地毯作为表层装饰材料，也能在保护装饰地面的同时，起到改善与美化环境的作用。另外，各种材质的综合运用、拼贴、镶嵌，又可充分发挥设计师的才能，展示其独特的艺术性，要注意的是，切忌杂乱无章的无序设计。示例如图 3-42 与图 3-43 所示。

图 3-42 线形满铺

图 3-43 石材拼花

地面处理的材料和类型有其针对性，包括布线、防水等问题，其工艺处理相对简单，普通铺装、自流平、木架为常用的工艺技术。通常有以下几种处理方式。采用像石材、地面砖材料铺装时，要根据要求选择通色满铺或图案拼花处理；木质地面、实木地板依据空间功能来决定地面龙骨的做法，如机房、播音室之类的空间都需要木龙骨铺设实木地板，而普通复合地板只需在地面面层进行超平处理加防潮垫即可铺设；公共空间中一些特殊的空间功能需要，也可用钢化玻璃材料铺设地面，一般根据玻璃单位尺寸大小做钢制龙骨，结合流水、彩光及卵石类的艺术性点缀，营造一种特定的气氛。

在空间地面处理时要注意的是防水系统问题，尤其在北方地区，另外还有暖气管布置、强弱电的布线等问题，一定做好协调设计。

4. 建筑构件的处理

公共空间环境装饰装修除了围体界面的艺术处理外，还有较为重要的建筑构件的装饰装修问题，按照目前的建筑形态，基本上存在三种类型，即柱体装饰、隔断类装饰、室内交通系统装饰。

（1）柱体装饰

室内柱体的外轮廓多为方形或圆形，也有多边形，而柱体装饰的目的和作用要视空间布局的状况而定，就是说是否因为空间分隔将其隐形掉了，如果不是就要考虑其在空间中的使用和视觉作用，如通过柱体装饰强调风格，以及商业卖场通过装饰划定区域界线。同时，柱饰也是商业空间展宣理想的位置。柱子可与照明灯具、绿化景观相结合。大型公共场所中的柱子，很多时候会被包围，其特征不易表现出来，独立存在于空间之中的柱子，则可以对其进行装饰设计。示例如图 3-44 所示。

图 3-44 柱体装饰

（2）隔断类装饰

隔断多为装饰装修的构件，它的形式与材质选择比较灵活，形式上有通透、半通透、不通透，材质也随形式而定，木质镂空、玻璃、铁艺及轻体都是常见的。空间中它有增加空间层次、内外渗透、空间暗示、形成近端趋向、透景等作用。门洞、窗洞也有近似的作用，同时，使用上的作用更为明显。示例如图 3-45 所示。

图 3-45 轻体半遮蔽隔断

（3）室内交通系统装饰

室内交通系统构件包括室内的台阶、楼梯等：台阶是空间水平分隔出现高差后最重要的连接构件，其形态变化自由度较大，能够起到增加空间层次、空间趣味和空间气氛的作用；楼梯有建筑构件，也有装修构件，是真正意义的"承上启下"的功能所需，种类上有普通跑式、螺旋式、曲线式楼梯，公共空间的自动扶梯、电梯等。楼梯的围栏、踏步的材质与选型处理，完全要融入空间整体的效果要求。

在现代室内设计中，人们对个性化、艺术性提出了更高的要求。楼梯作为室内空间的点缀部分，不仅具有使用功能，还兼具空间构成的作用，它在室内设计中具有很强的装饰作用，因此，越来越受到当代设计师的重视。楼梯质地的选择当然也很重要，目前现有的质地包括木质类型、钢质类型、钢木结合类型等楼梯，还有玻璃或玻璃与其他多种材料合成制作的楼梯。

另外，公共空间的装饰艺术，要重视材料材质和材料工艺的问题，如果将其忽略，一切都是徒劳的。例如，在墙面的花饰及饰品的密与疏的处理不同，也会给人们各异的感受，墙面花饰疏而大，空间感觉缩小，反之则有空间大的感觉，这说明材料选型使用是对空间感有着一定的影响的。因此装修中的装饰材料材质选型设计，是直接关系到空间效果和经济效益的重要因素；饰面材料的选用，同时具有满足使用功能和人身心感受这两方面的要求，自然亲切的材质元素各有特征，它会带来无尽的设计空间和无限的可能性。

3.2.3 室内空间环境的照明艺术

空间照明设计，是指室内的人工照明和天然柔光，光照能满足正常的工作生活环境的采光，除照明要求的本身功能外，还能有效地起到烘托内外气氛的作用。不仅如此，照明的灯具选型、光照方式和照明形式，也都会有调整室内空间尺度感的作用和表达装饰风格的作用。

1. 照明对空间尺度感的影响

在室内空间中，采用不同的室内照明，会出现不同的空间效果。例如，营造亲切温馨的空间气氛时，常常选用柔和的吊灯，这使空间高度感降低，以此拉近宾主的距离。采用吸顶灯，会使空间高度感有增大的效果，办公空间、医疗空间等公共场所采用这样的类型。总体来说，灯具选型必须依据空间功能性质来决定。

另外，不同的光照方式也会影响空间尺度感。如图 3-46 所示，在公共室内空间中，如采用直接照明的光照方式，便会降低空间高度感，使空间自然产生高度的抑制，此方式适于展品展示；如果采用间接照明的方式，会使空间高度感有所增加，制造出柔和与神秘的空间氛围，这也是许多公共空间采用的照明方式。

图 3-46 光照方式对空间尺度感的影响

2. 照明的光照方式

光照方式就是人工光源的散光方式，大致有以下几种。一是直接照明。这种方式有近百分之百的光线直接投射到照射物上，其优点是光亮度大，减少光波的能源浪费，常常用于公共空间的厅堂照明。不过，直接照明方式也有容易产生眩光的缺点，加速人的疲劳感，设计时应注意避免眩光的影响。二是半直接照明。有百分之四十以上的光线被灯罩、灯片射到天花或墙壁上，其余射到照射物上，光线相对柔和，是较为理想的光照方式。三是间接照明。这种方式有近百分之百的光线直接投射到天花板或墙壁上，经过反射再投到照射物上。这种光线柔和，不刺激眼睛，也没有明显的投射阴影。四是半间接照明。这种方式有百分之六十以上的光线被灯罩、灯片射到天花或墙壁上，其余射到照射物上。这种方式使空间的光亮度均匀，阴影很小，缺点就是光能浪费严重，与其他光照方式比较，使用时应考虑增加一倍以上的光通量。五是均匀照明方式。它就是一般性的照明，指照明灯射到各个方向的光线大致相同，适用于走廊、过道或楼梯间等空间。

3. 公共空间灯具选型与照明形式选择

（1）灯具选型

通常公共室内空间所使用的灯具有多种类型，每一种类型又有其不同的功能。灯具在空间中肩负着照明和形态的双重功能。

一是吊装式，包括花式吊灯、水晶吊灯、云石吊灯、木艺吊灯、金属艺术吊灯、轨道射灯和普通日光管支架吊灯；二是吸顶式，包括普通的吸顶灯、无吊链的吸顶吊灯、普通吸顶灯、明装筒灯；三是镶嵌式，包括筒灯、格栅灯、厨卫嵌入式专用灯具、镶嵌射灯，使用这类灯具的前提条件是要有吊灯的隔层；四是壁式，以及室内装修专用的光带软体光源。这些照明灯具为室内照明设计提供了充足的准备，示例如图3-47与图3-48所示。

图 3-47 吊装式灯具

图 3-48 其他灯具

（2）照明形式选择

照明形式除了满足照明的功能要求，重要的是能对营造空间功能气氛起到积极的作用。公共空间的照明设计更多样化，并有很强的自由度，下面简要介绍几种较为典型的照明形式。

① 整体性照明形式。公共空间中的整体性照明的主要功能在于解决空间照度，体量较大的内部空间采用这种照明方式作为主照明。商业大型超市、大型会议空间、候机厅、教学空间等，其特点是光照均匀明亮，由于光源距离地面较远，故此，眩光的干扰较小，一般采用满天星的嵌入筒灯、点位均匀的"工矿灯"和均匀排列的日光管等照明设备，而大型敞开办公空间或医疗空间也选择均匀排列的格栅灯的整体照明。

② 主题性照明形式。一般这样的照明形式意味着存在明显的主题性，也是一种强调，照度其实并不是主要的表达，精神层面的体现会更多一些。这时灯具的选择变得重要起来，通常选用大型的花式吊灯或水晶吊灯，很多时候需要根据需要订制，作为室内重要的景点。还有，一些大型而庄重的宴会厅以重复排列的组合形式，成组地选择体型较大的吊灯，显现恢弘的空间气氛。

③ 光带式照明形式。这种照明形式在公共室内空间里是最常见的，它随装饰的结构关系而发挥着作用，需要装修出安置光带的暗槽，属于纯粹的间接照明的光照方式。光带式照明不局限于顶棚天花的部位，在公共空间中，立体的主题性墙面、导示性的墙体，以及休闲空间气氛装饰的墙体、地面等，都可以采用这样的照明形式。

④ 局部照明形式。许多的公共空间都需要一些必要的特定性的照明效果，尝试局部照明是很好的解决办法，并且没有更多的光照方式的限制。例如，商业空间的商品展示区域需要特

定的局部照明，突出商品宣传，强调商品的价值；展览空间展壁的轨道射灯就是针对展出作品而装置的局部照明；酒店客房空间的落地灯、夜灯，会客区的台灯等，都属于这一照明形式。

总体来说，公共室内空间的照明还是要从专业的角度，围绕建筑功能性特征进行设计，尽可能考虑周全，例如，还有一些照明形式不可忽略，如气氛点缀的壁灯、洗手间的镜前灯等。最后要说的是，照明系统不仅只是这些空间作用，灯具造型本身也有着空间设计风格强调的重要作用。

■ 3.2.4　室内空间环境的色彩艺术

空间的色彩设计是室内外设计中最生动、最活跃的因素色彩，往往给人的第一感受和印象是其表现力极强，它通过人的视觉感受产生心理、生理和物理的效应，同时包含一些错觉的可能，形成丰富的联想，具有深刻的寓意。

1. 色彩的基本规律影响室内设计

我们知道，色彩本就具有三种属性或称色彩三要素，即色相、明度和纯度（见图 3-49 与图 3-50）。不仅如此，色彩总是有着某种特殊的寓意和联想，潜移默化中帮助我们表达设计思想。我们所看到的环境包括各种物体都是有颜色的。其中物体与物体，或物体与环境之间都会出现颜色上的协调或排斥的物理效果，这就会引起人对物体产生感觉上的各种变化，作为室内设计，要密切地关注和分析色彩规律，更重要的是分析色彩的物理效应和心理效果。

图 3-50 色卡

（1）色彩的物理效应

一是色彩的温度感。在色彩的规律中，常常是以暖色系和冷色系来划分类别的，而这种划分已清楚地说明了色彩的温度感的存在。另外，色彩的温度感与明度有关，含白色高的明亮色具有凉爽感，反之具有温暖度；纯度方面就是暖色系中的颜色纯度越高就越温暖，反之越凉爽。二是色彩的重量感。色彩的重量感取决于色彩的明度状况。明度高显得轻，反之感觉重。因此，我们将色彩感觉习惯地说成轻色或重色。三是色彩的体量感。在通常情况下，还是与色彩的明度和色彩的温度感有着很大的关系。明度高则有膨胀，反之则有收缩感；暖色系产生膨胀感，而冷色系产生收缩感。四是色彩的距离感。前进色或称近感色，给人凸出扩大的色彩感觉；后退色或称远感色，给人后退缩小的色彩感觉。近和远通常与色彩的温度感有关，暖色为近感色，冷色为远感色。

在公共空间环境设计中，我们感受到色彩的影响是明确的。色彩温度感会让我们在设计实践中，把握颜色时考虑材料材质问题，因为材料质感同样存在温度感的情况，这是有的放矢的设计策略。色彩的重量感，设计实践中又要思考和关注，如果是上轻下重的色调会感觉非常稳定，而下轻上重会产生运动感。色彩的体量感在设计实践中也起到了关键的作用，用好色彩的体量感，对于我们控制空间尺度、协调空间的体量关系有很大的帮助。色彩的距离感更是为我们把握空间层次和导视设计提供了较大的帮助。

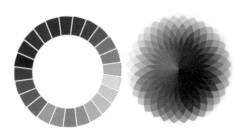

图 3-49 色环

（2）色彩的心理效果

色彩的心理效果是人对色彩所产生的感情色彩。对待同一种颜色，不同的人有不同的心理感受和联想，如黄色在暖色中明度最高，光感最强，灯具中的人造光源大都倾向于黄色。黄色给人以光明、丰收和喜悦之感，但东西方对黄色象征性的感觉截然不同。因此，色彩的心理效果并不是绝对的，具体表现在两个方面：一是对视觉产生的美丑感；二是对人的感情产生的好恶性。由此，色彩感受出现了很大的差异，并且产生了色彩的流行趋势，即流行色。室内设计一定要很好地把握色彩的流行趋势，避免设计效果过时。

（3）色彩设计的类型特征

在建筑环境室内空间设计中，我们一定要依据色彩的规律，把握好色彩的对比关系和协调关系，无论是室内围护体，还是室内的陈设品，都需考虑这个方面。其原则就是在统一中求小的变化。按照色系特征，我们归纳出调和色、对比色两个类型，而调和色又有单纯色、同类色、近似色三种情况。

① 调和色的协调。一是单纯色协调，是一种颜色由其本身的深浅变化来求得协调效果。虽然视觉上朴素淡雅，但会产生平淡的单调感（见图3-51）。二是同类色协调，使用色环上的邻近色。这种方式更容易使室内色调统一和谐，适合于庄重、高雅的空间，但也容易出现单调的效果（见图3-52）。三是近似色协调，它在色环上的距离要大于同类色。与同类色一样，也允许冷暖、明暗的差别，只是与同类色相比，对比度要大一些（见图3-53）。

图 3-51 单纯色协调

图 3-52 同类色协调

② 对比色的协调（见图3-54）。对比色是色环上相对应的两个颜色，它们的特点是冷暖对比强烈，视觉上有跳跃感，可以使室内空间充满活力。在应用上我们要掌握它的特点，对于不同使用功能的空间采取恰当的颜色关系。对比色应放在气氛热烈的空间中，这样会使人产生兴奋的情绪。另外，对比色也会起到提示主题的作用。譬如，一个红色基调的空间，在局部面积上用一些绿色进行对比，会更加强调红色。

图 3-53 近似色协调

图 3-54 对比色协调

总之，色彩有其自身的规律，我们不可机械僵化地使用，还是要根据需要，做到恰如其分，以取得最佳的色彩效果。

2. 空间色彩的设计原则

围绕公共空间环境的要求，我们归纳出色彩设计的三个基本原则。一是依据功能进行设计。通常公共室内设计要根据使用功能来进行色彩设计，即基于空间气氛的需求不同而产生不同的颜色基调。如教室、图书馆一类的室内空间要求明亮、平和，就要以淡雅的色调为主；医院、疗养院要以淡和亮的暖色为主；娱乐空间应色彩浓重、对比强等。二是形式美的原则。首先，色彩要有基调和辅调，也就是室内色彩的主调及辅助的色调；其次，色彩的统一和变化、色彩的稳定与平衡，以及色彩的节奏与韵律。三是利用装饰材料的天然色彩。这里包括同色不同材料的运用，如同色的木材和石材，其视觉感受是不一样的。在此基础上，要充分发挥材料固有的美感，使之发挥到淋漓尽致的完美境地。

考虑色彩的个性、区域性和民族性特征，色彩感受也是相对宽泛和存在较大差异的，因此在实践中，要特别注意这一特点。室内色彩的艺术设计，要遵循色彩设计原则的要求。色彩设计并不是简单的"红黄蓝"，其表面的规律和内在的性格都是突出的，空间中更是无处不在，它存在于每一个角色。下面介绍色彩在室内空间环境中的作用。

（1）环境衬托

色彩可以是一种衬托，甘为绿叶。某种大面积的色彩，作为对其他室内物件起衬托作用的背景色，其作用类似于静物表现时的衬布。对于室内中需强调展示的物体，这种色彩应用是非常有效的表现方法，许多公共空间都将色彩这样的方式与作用运用到设计实践中，取得了不错的效果，如墙体大面积的通色、地面大面积的通色，都是在有意识地衬托主体物；商业空间的展示区域、运动场馆观众席等，都采取了衬托式的设计手法。示例如图 3-55 所示。

（2）突出重点

色彩可以是一个主题，当然的主角。但主角也好，衬托也罢，其实都是相对的，色彩恰恰就具备了双重性。在背景色的衬托下，以在室内占有统治地位的家具为主体色，或作为室内重点装饰和点缀的面积小却非常突出的重点，或称强色。这种色彩的应用会更加强调主体物，会对室内重点表现的部位有很大的帮助，适合于主题性强的室内装饰。

图 3-55 环境衬托

（3）加强色彩魅力

色彩可以是一个纽带，能调动空间、统一情调，这是一个串联的节奏。首先，色彩的重复与呼应是我们常用的一种手段，都会有视觉记忆，也是求得统一和强调主题的方式；其次，利用色彩规律特征布置成有节奏的连续，持续

的节奏强调了空间序列的韵律；最后，以功能和主题为先导，可采用强烈对比关系进行色彩设计，充分发挥色彩的魅力。

总之，缤纷的世界总是色彩斑斓的，色彩是永不褪色的角色。

3.3 室内空间环境的陈设艺术

在公共建筑室内环境的空间规划设计中，室内空间环境的陈设艺术（见图3-56）越发受到重视，这也是将其单独作为一个章节的原因。室内陈设也可被称作配饰艺术，包含众多的所谓"软性"内容，家具设备的选择安置设计，软体织物的配置设计，室内植物绿化、水景、石景等景观装置，以及绘画、雕塑、工艺饰品等艺术品的展陈。当下，我们已经注意到，现代的室内陈设越来越让人感觉到它的存在，并有一种脱颖而出的态势，应引起我们的高度重视。

图3-56 室内空间环境的陈设艺术

■■ 3.3.1 家具陈设艺术

在室内装修向室内陈设渐进的过程中，家具无论是体积还是形态花色，无疑是最丰富的，并且是最耀眼的，有着与主人动态最密切的触

感关系，可见它有多么重要，必须引起足够的重视。在公共空间环境设计中，家具的使用更多是选型、陈设设计，在特殊情况下，也需要设计师亲手设计。

1. 家具类别

前面已比较简略地介绍家具的类别情况。无论在公共空间，还是在居住空间，家具按照用途来都可以分为实用性质家具和展陈性质家具两大类别。其中，实用性质家具又分为三种：①坐卧型家具。它是直接接触和承载人体的家具，包括凳子、椅子、沙发和床等，沙发也具有划分空间的作用。②凭倚型家具。它是承托所需物体的家具，包括桌子、台子等，公共空间较多使用此种家具。③储物型家具。它包括柜类、橱、架等，其功能是储存物品，同时，储物型家具也具有分隔空间的作用。

展陈性质家具主要起到观赏性作用，包括各种材质的展陈柜、屏风等，一些展陈性质家具同时具备划分空间的作用。这一类家具在室内公共空间环境中也被较多使用。

2. 家具构造

目前，家具的构造也同建筑和室内设计一样，随着新意识，新思想的改变以及建筑空间和原材料的影响，在传统工艺的基础上有了很大的改变和提高。

传统的木质榫卯结构家具，早期做法是

由实木立架与横料经榫卯咬合而形成框架构造，框架内由芯板嵌入。这种家具构造与建筑的框轻结构工艺极为一致，受力部位也是完全一样的，都是框架承重，而芯板只起到封闭的作用。后期做法有所改进，除了榫卯工艺大大简化了难度，框架成形后，并不采用芯板嵌装的方式，而是用胶合面板整体将木龙骨内外包封，外部形态简洁，只在冒头或体面上做简单的装饰木线。示例如图 3-57 与图 3-58 所示。

图 3-57 家具构造

图 3-58 家具细部

木材大量的消耗及生活环境的变化改变了人们的思想，一批批复合板材应运而生，也逐渐被运用到家具生产上，新型的可拆装板式家具被广泛推广应用。新型家具优点很多，解决了木材原材匮乏的问题，有了替代的密度板、刨花板、生态板等新材料；可拆装的工艺解决了上下的搬运问题，新型锁扣式的连接工艺，降低了安装成本和安装难度；拼装简便，形态

变化并多样，自控性大大提高；家具样式和外在质感更加丰富。

传统家具还有折叠家具、冲压家具、充气家具等。新型现代家具也不断出现，如钢木结合的家具，由金属材料充当承重的框架，结合使用木质复合的隔板，很有现代气息；金属结合玻璃的家具，由于时尚性强，加之玻璃材料的通透性，并且可以配以适当的照明装置，是更适宜展陈之用的家具，也适于销售空间的商品展示宣传。

3. 家具陈设布局艺术

家具在室内空间中有其本身的使用功能，另外，也肩负着空间布局的责任，家具与空间对空间状态有着相互的作用，就是说，家具的布局要视空间状况而定，而空间状况也影响着家具的布局。下面介绍几个较为典型的家具布局方式。

（1）功能性布局

一个空间单位会有不同性能和用途的家具，哪些家具适于主要功能，就将其确定为主要家具，其余为次要家具，从而形成功能性布局。例如，在会议室空间环境中，用于会议的桌椅就是主家具，摆设布局是空间中重要的中心位置，这就是功能性布局（见图 3-59）。还有公共空间中的接待区域、办公区域的家具布局，它们都带有明确的功能性质。

图 3-59 功能性布局

（2）规整性布局

在室内空间单位里，抛开功能性概念，家具布局呈现出工整性的对称式家具布局（即规整性布局），显现出庄重而安定的布局关系。例如，对称式的沙发（见图3-60）、对称式的展柜等都属于这种布局方式。

图3-60 规整性布局

（3）自由式布局

这种布局方式在公共空间里常见，其特点是打破了对称式的呆板，有轻松活泼的空间气氛。这种方式要求散而不乱，相得益彰，有集中，有分散。目前，许多主题餐厅的餐位已经有了很大的变化，由以往的规整性布局变为自由式布局，充满欢快、轻松而富有情趣的特殊空间（见图3-61）。

图3-61 自由式布局

家具布局还可完善空间中的盲区，如空间角落、家具间的空位等，茶几或花架之类的小

体量家具正是最好的选择，示例如图3-62所示。家具布局对空间功能区域的划分也有重要的作用，如屏风就是最捷径的空间分隔设备，还有插屏作为空间中心的影背墙，彰显荣耀气派。

图3-62 角落家具

其实，家具与建筑同样，都具有强烈的精神风格特色，可以奢华气派、温婉秀丽、古朴大方、时尚简约等，家具品格尽显其中，在公共空间中，家具具有强调空间风格的本质的作用，这是家具带给我们的最大的精神财富。

■■ 3.3.2 织物装饰艺术

在公共室内空间环境的陈设艺术中，装饰织物内容的体量是较大的，几乎是空间风格最表层的位置，是室内空间软硬对比关系的"软"部分，主要包括地毯、窗帘、床上用品、帷幔、家具靠垫等。其作用是补充和调剂室内空间色彩、图案纹饰的不足，其图案本身也是空间风格的配合与强调。

1. 织物运用要点

每一种织物必然有其本身的功能作用，如沙发靠垫、沙发蒙面罩与人的距离，比家具还更进一步，这说明其对人触觉的反应首先要到位，其次才是视觉上的作用。因此，对于织物饰品，在材料质地合理选用的基础上，织物颜色和图案成为运用的要点。①织物颜色的选用。织物本身有辅助空间色调的协调功能，选用颜色时不可过多，否则会显得杂乱，使人心情烦躁。因此，织物颜色一定要与空间界面特别是墙面色彩协调，不可喧宾夺主。②织物图案的选用。织物图案更不可杂乱，也不能过于突出。过于突出的织物图案会对空间或家具的尺度产生很大影响，如单体大图形组合的图案会给人空间尺度被缩减的感觉。故此，织物在图形选用时一定要注意与空间的尺度相适应。

2. 窗帘与地毯

公共室内空间环境中，窗帘和地毯在陈设艺术中的运用较为普遍，与其他织物相比，其直接的使用功能也最为显著。

窗帘在空间中具有遮蔽干扰和调节室内光线的功能，就是遮阳、避夜和保暖的功效，也有一些隔声的效果。同时，在室内装饰效果上，可以丰富空间层次感与构图，从而增加艺术气氛。实践中，对窗帘形制的选择，要依据空间使用功能和装饰风格来确认，大部分的公共空间所选用的形制多为木质、布质、合成材料、金属制作的百叶类型，或者办公空间常用的布卷帘、遮光帘。酒店空间、餐饮空间和会所空间所选用的窗帘形制通常与居住空间的近似，以各式平开的垂帘样式居多，古典风格的装饰空间采用帷幔的装置。示例如图 3-63所示。

图 3-63 软体配饰

地毯也是一种具有双重功能作用的织物。它柔软、富有弹性，因而有良好的触感，铺设地面也有保温的作用。其空间作用意义也是突出的，如果是局部铺设，有着强调空间区域或空间导示的作用。一般来说，地毯的图案选用更多地依据家具制式的情况，总体上，不宜过花过碎，避免不稳定的感觉。地毯颜色最好为偏灰的中性色，这样不会影响其他的空间色调，与空间整体色调相比较，选用颜色略深的地毯，符合人们上轻下重的审美习惯。

3.3.3 景点装饰艺术

室内景点设计是室内环境设计中一个不可忽略的部分，在室内设计的整体创意下，往往需要对某一部位进行深入细致的景点设计，体现出文化层次，从而获得增光彩的艺术效果。室内景点设计往往有两种情况：①作为主题强调而刻意制造的空间气氛，一些大空间最为适宜，如商业购物空间的场景开阔，而商品内容类型繁多，因此，如果将景点的设计纳入其中，就可以作为标记，帮助人们寻找要去的地方。

②景点完全可以起到"补角"的作用。空间中转折的部位最容易出现死角，在无从放置合适物体时，根据需要用景点方式处理是恰当的做法，如图3-64所示。

图3-64 室内景点

3.3.4 其他陈设艺术

其他陈设主要是指摆设类和悬挂类的观赏物品。摆设类包括日用器皿、艺术品摆件、植物盆景等，也包括一些不同功能的影音设备。悬挂类包括书画类作品、悬挂式的艺术品。

1. 摆设类陈设品

其造型、色彩和质感等美的因素要与室内空间界面、空间中的家具、空间中的织物等之间相互协调和呼应，起到使用和装饰的作用。同时，注意与空间中各方面的尺度关系，陈设品首要的就是与空间尺度的比值。一些影音设备也要考虑空间尺度的问题，家电之类的物品应处于较好的通风位置。

2. 悬挂类艺术品

在室内空间中的视觉作用很重要，装饰性能是非常纯粹的，往往对空间格调起到画龙点睛的作用。悬挂类艺术品有较多的种类和形式，除了书画之外，还有浮雕、壁画、挂毯，以及不同材质的装饰艺术品，现今的艺术品创作更有一些难以预料的形式。在选用时，一定要注意所选用的装饰艺术品必须与整体的空间设计格调吻合，包括油画、中国画的艺术品类型选择，必须对应空间风格，做到宁缺毋滥，这一点非常重要。

随着社会文明的不断发展和进步，人们的审美意识不断改变，社会需求更会随变而变，展望未来前景，应该说，陈设艺术的未来是不可限量的。

第 4 章
公共空间环境设计的主题创意

现代室内空间设计越来越注重主题创意内涵，这并非对设计师提出了什么要求或单纯的设计批评问题，然而室内空间环境设计的宗旨是无条件地满足和适应当代社会、经济、文化、科学技术的繁荣发展，映射人类对生存理念的更新并转换为物质与精神的多元主题空间的需求，设计师必须倾全力去创造与现代生活相应的生活舞台。

4.1　设计思维的含义

设计思维指在专业设计中，对概念不确定的问题进行勘察研究、获取多种资讯、分析各种因素，并设定出解决方案的方法与处理过程。作为一种思维方式，它被普遍认为具有综合处理能力的性质，能够理解问题产生的背景，能够催生洞察力及解决方法，并能够理性地分析和找出最合适的解决方案。

4.1.1　设计的思维方式

在设计领域中有一种潮流，就是专业人士们要唤起对设计思维的意识。此举在于，通过了解设计师们所用的构思方法和过程，通过理解设计师们处理问题和解决问题的角度，使用户更好地连接和激发构思过程，从而达到一个更高的创新水平。很明显，设计思维是必要的，是值得重视的。

1. 思维的定义与特征

思维是借助语言、表象或动作实现的、对客观事物的概括和间接的认识，是认识的高级形式。思维能够揭示事物的本质特征和内部联系，并主要表现在概念形成和问题解决的活动中。其特征如下。

一是概括性。思维的概括性是指在大量感性材料的基础上，把一类事物共同的特征和规律抽取出来并加以概括。概括是人们形成概念的前提，也是思维活动能迅速进行迁移的基础。对事物的概括能力越强，认识水平也就越高。

二是间接性。思维的间接性是指人们借助一定的媒介和知识经验对客观事物进行间接的认识。由于思维的间接性，人们才可能超越感知觉提供的信息，认识那些没有直接作用于人的感官的事物和属性，从而揭示事物的本质和规律。就是说，思维认识的领域比感知觉认识的领域更广阔、更深刻。

三是更新性。思维是对已有经验的改组，是一种探索和发现新事物的心理过程。它常常指向事物的新特征和新关系，这就需要人们对头脑中已有的知识经验不断进行更新和改组。它不是简单地再现经验，而是对已有的知识经验进行改组、更新和建构的过程。

思维的概括性、间接性和更新性的三个特征，对应起来就是认识能力、想象能力和创新能力的合度，可以说，这就是设计活动的本源，是优秀设计作品出现的必经之路。

2. 思维方法与规律

思维方法属于思维方式范畴，是思维方式具体且集中的体现。思维方法是人们为了通过思维活动实现特定思维目的所凭借的途径、手段或办法，也就是思维过程中所运用的工具和手段。我们知道，人的思维方式方法有多种多样，归结起来也有不尽相同的理解。下面主要介绍逻辑思维、形象思维和直觉思维。

（1）逻辑思维

逻辑思维就是借助思维逻辑这个工具，进行的由此及彼、由表及里的推演。逻辑思维主要指遵循传统形式逻辑规则的思维方式，常被称为抽象思维。其特点是以抽象的概念、判断和推理作为思维的基本形式，并以分析、综合、比较、抽象、概括和具体化作为思维的基本过程，从而揭露事物的本质特征和规律性联系。抽象思维不同于以表象为凭借的形象思维，它已摆脱了对感性材料的依赖 [见图 4-1（a）]。

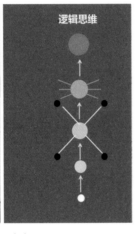

（a）

（b）

图 4-1　思维图示

（2）形象思维

形象思维是对形象信息传递的客观形象体系进行感受、储存的基础上，结合主观的认识和情感进行识别，并用一定的形式、手段、工具创造和描述形象（其中包括艺术设计的形象）的一种基本的思维形式。其特点是非逻辑性的、形象性的、想象性的和粗略性的。形象思维所反映出的对象是事物的具体形象，思维形式是意象、直感、想象等形象性的观念，其表达的

工具和手段是能为感官所感知的图形、图像、图式和形象性的符号 [见图 4-1（b）]。

（3）直觉思维

直觉思维是指对一个问题未经逐步分析，仅依据内因的感知，迅速地对问题答案做出判断，在对疑难百思不得其解之中，突然对问题有了"灵感"和"顿悟"，甚至对未来事物的结果有"预感""预言"等。直觉思维是完全可以有意识加以训练和培养的。直觉思维的主要特点是：省去中间推理环节的"简约性"；认知结构向外无限扩展和具有反常规律"创造性"；直觉和严格性巧妙地结合在一起，形成"自信力"。

总之，思维的诸多方式方法必会成其规律性内容，如果将这些规律潜移默化地运用到我们的设计实践中，形成自然流露的举动，相信设计作品的品质定会有较大的提升。

■ 4.1.2　思维转化是设计的训练途径

由思维到设计思维，对设计师来说是理论联系实际的过程，就是将对思维的认识和运用落到设计活动的实处。这其实就需要先从"思维"开始，考虑如何将思维转化为设计思维，这个途径竟然还是思维活动，这说明思维先行、无思无为的道理。思维的方式方法决定着做事的习惯，以及未来的结果。因此，我们有必要了解与设计有关的其他思维方法。

1. 针对艺术设计的方法

（1）发散思维法

发散思维法是根据已有的某一点信息，运用已知的知识、经验，通过推测、想象，沿着不同的方向去思考，重组记忆中的信息和眼前的信息，产生新的信息。它可分为流畅性、变通性、独创性三个层次。

（2）集中思维法

集中思维法又称求同思维法或聚合思维法，

指从不同的来源、不同的材料和不同的方向探求一个正确答案的思维过程和方法，也就是指思维者聚集与问题有关的信息，进行重新组织和推理，得出一个集合和一种正确解决问题的思维方法。

（3）逆向思维法

逆向思维法是目标思维的对应面，从目标点反推出条件、原因的思维方法，就是反观已有机械物，推敲可能还是不可能，从而发现新事物，它也是一种有效的创新方法。

除此之外，还有其他方法："移植法"，是指把某一领域的科学技术成果运用到其他领域的一种创造性思维方法，仿生学是典型的事例；"归纳法"，是根据一般寓于特殊之中的原理而进行推理的一种思维方法；"延伸法"，是对事物先否定而构成必然的发展，从而创造

新的事物；"联想法"，如相似或接近的联想，对比联想和因果联想等；"组合法"，是顺向、逆向、横向等多方向结合，逻辑思维等多项结合，就是将多种功能组合于一身，设计新的物质等。

2. 设计中的思维转化要求

思维训练和训练思维的辩证的相辅相成关系，给予感受力和领悟力、理解力和判断力、想象力和洞察力、表现力和适应力、运筹力和组织力、创造力和控制力的"各力"集训体现，继而转化到具象的表现、概念的表现、空间的限定和空间的开创的设计中来。

其实，思考种种方法的目的、各力集训的历练等，皆是寻找思维到设计思维，设计思维到创意思维，创意思维到设计实践等转换的最佳途径，这就是"途径"的真谛。

4.2 设计主题创意的形成

设计是寻求一种计划、规划、设想和问题解决的办法，通过视觉的方式传达出来的活动过程，是设计师针对设计对象所进行系统的物化创造活动，在贯穿始终的设计过程中彰显着设计师的创意思想、思维过程乃至文化的内涵。公共空间环境设计是创造具有文化内涵的人类生存方式的活动。

4.2.1 主题创意的内涵特征

主题的内涵是公共空间环境设计的思想精髓，是围绕着以"人"为中心展开的，即表达功能性与艺术性完美统一的公共空间环境的创造活动，它必须满足随人类社会与文化不断地发展而产生的多元性的生理需求和审美欲望。

在现代公共空间环境设计中，代表物质表

象的功能设计是设计师所必须遵循的，而象征着精神表象的"主题内涵"又是设计师创意过程中最能体现其设计品质的重要环节部分。公共空间中，"主题"立意是空间"灵魂"的生成，也由于"主题"的涉入，室内空间油然产生了"场域"效应，并以此叙述着该空间的"思想"和"情感语言"；人们在这个场域中体味、遐想着大自然美的凝练、地域文化、民俗情趣、都市时尚；这里也充斥和传递着思想与情感、聆听美丽动听的故事，从而进行着人与"自然"、人与"空间"的"无言对话"。

因此，没有"主题"的室内空间就是失去了"灵魂"的空间，而显现着文化内涵的"主题创意"又综合体现了现代空间环境设计价值与现代时空设计理念的重要特征。

既然空间环境设计是一种创造性活动，

创造的内涵又如何解释呢？公共建筑室内空间"创意"即为"创造意境"的空间，创造出能够解析人的精神世界并富于强烈艺术氛围的室内时空环境。"创意"的生成源于思维之后主题性的设定，而"主题"则源于基本元素概念；元素又源于设计师将多元性的知识素养与专业潜能，以及对历史人文、自然生态、地域文化、科学技术知识等，通过思维活动的方式，吸纳并通过设计语言转换为对物化空间形态的解析。

■■ 4.2.2　创意主题的挖掘

设计师常常为空间设计的"主题"创意感到茫然和困惑，或者一味地效仿人们已熟知的某种风格、某种主义等，甚至毫无顾及地任意去抄录、剪辑式地搬到自己的"设计"之中，这样的"作品"显然缺乏原创性和鲜明的"主题"立意，必然是缺乏"场域"内涵的、品格平庸的室内空间设计。

现代建筑设计的先驱沃尔特格罗皮乌斯（见图 4-2）说："在我看来，所谓风格是指一段时间内，当某种特定的表现手段被确立为标准后，它对自身的不断重复。然而不幸的是，虽然对活生生的艺术建筑的分类与阐述仍处于起始阶段，但人们宁愿一窝蜂地去研究'风格''主义'之类的问题，却很少有人愿意去切实激发一下建筑师的创造力……因此，影响与决定我们建筑工作的不是未来可能出现的风格形式，而是不断前进的社会洪流，是与生活方式变化息息相关的表现方法的变化。"我们从中看到了大师创造、改变、再创造的胸怀。设计

图 4-2　现代建筑设计的先驱沃尔特·格罗皮乌斯及其作品

师不仅留于崇拜大师们的设计风格、流派或在设计作品中沿用某种风格或某种流派而得以满足，更不能借此提升、标榜自己的设计作品的价值。

人类的建造史及人类经济文化、科学技术发展的历程，无不说明人类文明在不断发展变革过程中，也随机改变着生存方式、生活方式及价值观念。尤其在社会、文化、科学技术繁荣发展的今天，人们迫切地寻求和遐想着更能满足生存环境的多元的欲望，以期待、呼唤着多元化的风格流派主题的空间"场域"的问世，向往着人与人、人与自然、人与世上万物的和谐并存的意境空间。

既然如此，我们就要按照艺术设计的规律，挖掘与专业相关的各个元素，随即进入"思维"的运行模式，以此挖掘到我们需要的创意主题概念。

1. 地域性文化主题挖掘

地域性文化、历史、人文及自然生态背景是发掘室内空间环境设计主题创意的重要素材库之一。所谓地域性，应包含：不同国家、不同民族、不同地区、不同民俗、不同文化特征，诸如人类在社会实践中获得的物质、精神和生产能力所创造的物质与精神财富；社会意识形态、自然科学、科学技术，以及政治、文化、艺术等方面的元素。创建地域文化主题的表象空间，一方面可延续与弘扬地域文化的精神与生命力，另一方面，也为古老的传统文化注入现代时空内涵的活力，并以现代的空间设计理念，重新解析和注释地域文化与传统思想，随之赋予时代性的亲和力与清新感。

图 4-3 所示为美国阿拉斯加地方医疗中心门厅的设计案例。该空间以地区特有的构建形式及选材并采取简约的空间形态再现了具有时代风韵的、鲜明的地域特征，并使人们感受到了该地区的因纽特人与印第安人等居住人群的性情与生活方式的特征。

图4-3 地域文化主题的设计案例

2. 崇尚自然主题挖掘

大自然的阳光、天空、土壤、海洋、河流、树木花草、空气、山石构成了人们所崇尚的自然环境。现在，人们把生态环境、生态建筑、生态建筑室内空间作为主流设计理念，这激发了设计师创造空间主题无限的活力。无论人们认识如何，大自然都对世界产生着直接影响，就当今的设计领域而言，大自然与设计密切相关，这是毋庸置疑的事实。就是说，崇尚自然，就要坚信大自然是取之不尽的设计元素；崇尚自然，就要建立源于自然和回归自然的理念。

我们不应以关注或强调文化为由，而将设计中的"自然"远远抛弃，而针对生态而言，建筑空间环境设计师不仅要谨防灾难的降临，而且要让设计成为一种令人愉快的过程。我们应该承认大自然中的万物为设计师提供了设计素材，也使设计师寻觅到创意的灵感与表达形式并传达设计的内涵，冲破固定僵化的

思维模式。这是大自然给予空间设计的最大财富。

另外，人们在自然之中延续、发展和完善自己，在从事建筑空间的创造活动时从未间断过借助自然中一切物质的原理、要素，努力谋求"人"与"自然"和谐并存的方式。其中不同的生态环境、不同的地理条件又演绎着形式各异的文化、多彩的生活方式与迥然不同的审美观，这些都为设计师创造表达室内空间的"主题"提供了条件和依据。

图4-4所示为"索尔巴斯之屋"的室内设计案例，这是最著名的20间加利福尼亚"个案研究"房屋，依靠一棵古老的岩松而建，又与自然达到融合，而在一切都是"自然"的空间内，陶器和穴炉的陈设给予人们对历史的无限回忆。

图4-4 崇尚自然主题的设计案例

除前述地域风情文化和大自然的崇尚，还有可以抽象出的创意主题。生活中还有具象的生物、色彩、材料、物品等，这些都可以作为可挖掘的主题素材。与其凝视远处的自然风光，不如将自然与房屋结成一体，将房屋建造在自然物的周围（见图4-5）。

图 4-5 木质的自然风情

4.2.3 主题概念的形成

综上所述，无论是室内还是室外的空间环境设计，都对设计的主题性内涵的概念提出了很高的要求，只流于表面的设计是苍白的、无力的，本身也不符合当今的环境设计要求。那么，何谓概念呢？

"概念"是人的头脑反映对象特有属性的思维，也就是人对能代表某种事物或发展过程的特征及含义所形成的思维结论。这时，"概念"这种反应只能是来自不受任何束缚的艺术思维。概念就是设计作品的中心思想，由于它的存在，作品才有了精神面貌（见图 4-6）。

图 4-6 设计师的"概念画"

要求设计师针对设计内容进行多元性的考察分析，将诸多的感性思维归纳、整合、精炼，抽象出共性的合适的概念，也可以说是"设计概念"。"设计概念"是设计师针对设计所产生的诸多感性思维进行归纳与精炼所产生的思维总结，这时处于感性阶段。因而，在设计前期阶段，设计师必须对将要进行设计的方案做出周密的调查与策划，分析出客户的具体要求及方案意图，以及整个方案的意图、地域特征、文化内涵等，再加上设计师独有的思维素质产

生一连串的设计想法，才能在诸多的想法与构思上提炼出最准确的设计概念。

那么，概念设计又是什么？简而言之，概念设计即利用设计概念并以其为主线贯穿全部设计过程的设计方法。概念设计是完整而全面的设计过程，它通过设计概念将设计师繁复的感性和瞬间思维上升到统一的理性思维，从而完成整个设计，这时，设计过程已进入理性阶段，示例如图 4-7 所示。

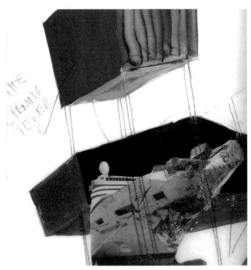

图 4-7 设计师的"设计概念草图"

这里我们比较一下设计概念与概念设计。如果说概念设计是一篇文章，那么设计概念则是这篇文章的主题思想。概念设计围绕设计概念而展开，设计概念则联系着概念设计的方方面面。它们之间存在着辩证的关系。

概念设计的关键在于概念的提出与运用两个方面，具体地讲，它包括：设计前期的策划准备；技术及可行性的论证；文化意义的思考；地域特征的研究；客户及市场调研；空间形式的理解；设计概念的提出与讨论；设计概念的扩大化；概念的表达；概念设计的评审等诸多步骤。由此可见，概念设计是一个整体性多方面的设计，是将客观的设计限制、市场要求与设计师的主观能动性统一到一个设计主题的方法。

就是说概念存于主题中，并形成"主题"思想的主题概念设计。

■ 4.2.4　主题概念创意的表达

主题概念创意的表达就是设计师如何表现设计思维结果，围绕"主题"可联系到哪些事情，这是本节重点内容。

（1）"主题"与空间的塑造

主题创意确立之后，如何展开主题因素并将其融会于室内空间之中，便是主题表达的关键环节。空间的形态是依据主题而设定并采用与主题内涵相宜的造型形式的使然，随之赋予该形式特定的材料、色彩、陈设品，以及与主题相宜的空间布局。

如图 4-8 所示，该室内环境采用了借景的手法，在室内不同部位放置了绿植，以此营造出以自然为主题的宜人的田园风光，从而使狭小的空间得以无限扩展延伸，并投身于大自然的怀抱之中，室内中绿植的妙用又塑造了"空间"中的"空间"之妙趣。

（2）"主题"与功能的融合

室内设计依据功能的定位为塑造主题空间的主导基础，注重以装饰艺术品形式表达室内空间的主题氛围，进而将特定的功能性升华超越其物化功能本身的鲜明的精神内涵，并以此渲染室内空间的主题性与功能性的完美统一。

如图 4-9 所示，某医疗机构中的"静思室"是专门为患者及亲属思考问题和短暂休憩的空间，其洗练明澈的功能特征渲染了"静"的主题。该空间主题区域抽象的、表达哲理性的图形及颇具透射力色彩的艺术装置，使人们油然升腾强烈的生活欲望和建立征服病魔、恢复健康的自信心的视觉感受。

图 4-8 绿植主题

既是该楼梯结构承重形式又是其局部区域空间的围合界面，但它的本质意义欲从自然中提炼而得出"林间"之概念主题，因此综合空间的材料选择再经相宜的绿化点缀，从而拟造了和谐、自然的主题空间。

图 4-10 主题时代性表达

图 4-9 主题氛围营造

（3）"主题"与材质的运用

主题表达与材质的选择应用得当，是顺畅而准确地表现室内空间主题创意的重要因素。空间造型形态与空间中的任何物化材质的表象均反馈着该空间的主题内涵。

如图 4-10 所示，某教堂空间的造型形态较浓郁、深情地拟造并传达着宗教信仰神圣的精神主题，渗透着神圣主题并且显露现代技术美的钢结构空间造型形态，也在默默无声地传达着时代精神的特定含义。如图 4-11 所示，某空间中几乎所有的选材均与自然相关联，如木制顶棚、沙瓷地面和木质楼梯的构造等，尤其依附楼梯而设的纵向排列的、疏密有致的"树干"，

图 4-11 和谐自然主题氛围

（4）"主题"表达的合度（见图 4-12）

空间主题的完善和保障主题的鲜明性依赖于空间形态、色彩组合、空间布局、材料选择，以及陈设、装饰品等，构成了空间表达综合要素之间的权衡。室内空间中诸要素彼此之间是主从呼应、有张有弛的，如果强调了某一空间

元素在塑造主题氛围中占据主导环节,就更需要其他因素方给予有章有法的、合度的维系支持。针对设计师的更高标准而言,表达"主题"

空间的"合度"与"鲜明性"是室内设计师对"主题空间"创意表达的控制能力,以及综合文化知识素养的充分体现。

图4-12 "主题"表达合度

总之,表达是一种责任和态度,设计师欲创造出多彩的美感空间,首先要关注和建立"为"人服务的意识,从而静静地体味人类生存价值的内涵;展开多元性思维动力去观察、体验生

活的细节、科学与艺术的含义;去认知、发现世界万物一切能够产生美的信息群,去寻觅、去准确地创造表达为"人"服务的、鲜活的"主题"建筑空间。

4.3 创意的准备与实施

创意准备与实施就是我们讲的空间设计程序,原则上讲,从有思维运动开始直至设计过程全部结束。但是,基于专业设计活动的特点,任何一个项目,作为专业设计人员,有责任在方案施工实施时,进行全程监控和协调的工作,到所有的施工及施工资料全部结,才真正完成一个设计项目。

■ 4.3.1 建立概念的具体思维过程

设计概念的形成与提出,围绕设计内容,针对项目的使用功能及视觉效果的设计,做一些前期的策划、构思的准备阶段。这个程序对全程的设计工作的成败起着至关重要的作用。

(1)方案分析

项目方案分析包括具体建筑地点空间环境

的分析,建筑的地域特征、光照、气候等状况的研究;对建筑本身的结构分析;建筑空间功能用途的分析。这几个部分的分析研究有助于空间形成的理解与运用。

(2)使用者状况分析

这一项分析包括使用者心理需求的分析;兴趣爱好分析;职业特征分析;体态状况分析;年龄层次分析等。这一环节有助于设计概念的定位,在形成设计概念的过程中起着重要的作用,包括空间尺度、形态要求和色调的认定。

(3)同属性案例分析与考察

这一环节包括个案分析,市场发展走向的预测,不同设计的空间布局等。对现有同类设计的分析调查有助于进一步深刻设计师的思维活动，从而提出别具一格的设计概念，创造出独特的空间形象和装饰效果。

（4）综合分析与思维整合

主要工作包括资料的收集、整理；背景、历史、人文的思考；经济条件制约的考虑等。这一环节有助于设计师对当今设计走向的了解，对特殊空间人体工程学尺度的把握，使设计的功能性趋于完美。

由此可见，概念设计的定位与提出，是一个整体多方面的设计，应将客观的设计限制，与社会需求及设计师的主观能动性统一到一个共同的方面上来，对设计有一个可行性的初步判断。从而提出一个思维结论，继而形成并显现设计概念。

由于我们的想法都是基于方案之上并由此而展开，所以从其归结出的设计概念，必定具有相对性和独特性，也就保证了我们设计出的作品具有创新和独特的意义。这一过程可以被称为概念已进入一个运用与实施的阶段。如果说概念处于感性认识阶段，那么，运用与实施的概念设计阶段应是理性的，它包括模拟、想象、推断等多个细节过程。

4.3.2　设计阶段

按照思维程序过程的脉络，与工作程序和工作计划有关的事情还要落到实处，以此采集出准确的信息，获得设计上真正意义的利益。

第一阶段：思维定义，项目相关信息采集，做出形势分析和初步判断，制订设计全程计划与工作目标。词汇有搜信息集、确定设计动机、开题报告。

第二阶段：空间的勘测与调查，这是熟悉项目初始阶段必需的阶段，主要工作内容：空间测量，绘制细致的平立面图；对空间进行分析并保留照片和影像资料；对顶面、墙壁、地面、供暖、上下水、煤气、交通流线进行记录；观摩类似的建筑空间、布局、风格和品牌。据此可以做出初

步的案例分析。词汇有调研、构思、基本设计方向。

第三阶段：客户沟通与案例分析，这是前期调研的重要过程，依据有目标或无目标的客户，分析项目相关的案例，制订工作实施目标计划。当然，与客户沟通会在多个环节中出现。词汇有抽样和反馈、构思的主题、项目目标。

第四阶段：汇总调研情况并进入构思与写作初稿。依据与客户的沟通情况，开展如下工作：一是针对无目标的客户，将设计风格建立在房屋建筑风格之上。如房屋建筑风格不明显，设计师可设想体现某种风格或主题。二是针对有目标的客户情况，按照客户提供的指导性意见，提出各种概念元素。以写出初稿。词汇有包容性、灵感和参考、头脑风暴法。

第五阶段：用大量的草图表达初稿，按照设计主题计划进行针对性筛选，准备再一次的客户沟通与交流。词汇有价值、草图、设计提案。

第六阶段：初步方案制订后，与客户进行沟通交流。待达成一致后，对方案进一步调整和完善，直至再次交流后确认。词汇有改进、图像、符号。

第七阶段：方案完成后的实施计划，要详尽编制专业施工图，至此，设计过程进入收尾阶段，所有相关内容需要统一整合，一套完整的概念性设计文案的工作完满结束。词汇有视觉隐喻、修饰和造型、比例和颜色、实施和施工图、规格和材料、后续的连续性。

至此，一个项目的概念设计已形成并确立。简言之，概念设计就是从自然中提取元素；从地域文化中提取元素；从生活的每个角落提取元素；从客户的资料中提取元素；从客户形象中提取元素；从设计趋势中提取元素；从人文环保中提取元素等。

从设计概念到概念设计实施是从抽象转变为形象，从感性认识到理性梳理，从精神文明转换到物质文明，这样一个完整的设计过程。

第 5 章
商业购物空间环境设计

我们知道,在现今的城市生活中,生活居住、产品制造、商业服务构成了主导性的城市功能,商业购物空间就是随城市化的发展而逐渐形成的。在城市形成和发展中,人们对城市功能的理解有着共识的观点,就是"以经济流通为主的集散功能",所谓的"流通"与"集散"的观点又明确地显现了"商业"概念的存在。由此,我们感受到了商业服务功能巨大的作用。

5.1　购物空间环境基本内容

传统商业有商业零售和商品批发两种形式,它们构成了城市商业的基本形态。当今社会的每个角落都有形形色色、鳞次栉比的商业空间的踪迹,它是构成城市生活和城市景观的主要因素,并伴随着城市商业的发展过程,使城市商业形态以一种新的面貌在城市中履行着自身的功能。从现状看,传统商业受到"网购"的冲击较大,城市中的商业业态发生了很多改变,同时,新业态的萌生也是不争的事实。尽管如此,"流通"和"集散"的主线不但没有变,反而更加火爆,城市商业的氛围越发浓烈。与此同时,商业空间环境设计的研究和发展与科技、文化、经济的发展结合得越来越密切,随即其关注度也由此提高。可以说,商业空间构架在某种意义上反映和象征着一个地区文明程度的水平。

■■ 5.1.1　城市商业基本概念与分布格局

人们往往习惯将城市中的餐饮服务业、娱乐服务业、集市贸易等视为商业,当然其中包括城市的商业零售业和商业批发业。城市的公共交通状况影响着城市的商业格局和商业区位的分布。同时,影响城市商业的还有人们的居住状况等。这也是从城市商业最初的零售业、批发业兴起,再到现在城市商业分布格局发展的主要原因和发展特征。因此,对城市商业的发展特征分析,有助于我们理解和认识其演变的过程和格局的形成。

我们知道,社会科技的发展带动了制造业的水平大幅提升,随之商品种类也不断丰富,加之商业国际化途径的拓展,现代商业活动得到了蓬勃的发展,商业空间的面貌不断更新和提升,大型综合购物中心已经成为商业活动的业态,已然成为商业主流趋势。同时,琳琅满目的专卖店、超市、各类商业场所和各色休闲娱乐场所等,按照一定的比例在城市中遍布,丰富着城市商业活动,连同不同类别、特色且逐步完善和规范的商业步行街一起,在现代化的城市中构成了特色鲜明的商业空间环境。

城市商业发展的直接因素是城市交通和交通工具的改善,城市商业也由散落到集中,再到城市扩充分布格式的发展,如现在的"奥特莱斯""宜家"等更是将网点定位在城市的边缘处,如图 5-1 与图 5-2 所示。

图 5-1 奥特莱斯（国际品牌）

图 5-2 宜家（国际品牌）

■ 5.1.2 城市商业职能与空间设计

城市商业的职能要从商业本身的功能进行分析。之所以城市商业的社会地位和作用较大，与商业自身的职能不无关系。要知道商业职能是基础、本质，作用是结果，即它会产生巨大的社会效益。清楚地了解商业职能，对我们进行商业环境设计，无疑有着巨大的帮助。

其一商品流通场所。我们知道，"商业"的字义指以买与卖的方式使商品流通的经济活动，也指组织商品流通的组织部门，即商业空间环境。买方与卖方的共同参与便形成了商业活动，同时，卖方的背后还有商品的制造者，即生产的物品经由商业环节转化为商品并传递到消费者手中。商业活动场地空间是组织商业活动的中介机构，是生产者与消费者之间的桥梁和纽带，商业的职责就是促使商品的流通销售活动的顺利完成。具有此含义的空间即为商业购物空间环境。

其二商业经营原则。要想促进商品的流通，必须发挥商业职能，充分体现商品的自身价值，掌握消费者的购买心理过程，由此制定出相应的措施。这也是商业职能较为重要的内容之一。通常情况下，首先是让顾客对商品产生兴趣和联想，进行全面的评估，随之是消费者对商品及商家和生产者的信赖，进而使消费者产生购买的欲望和冲动，最终完成购买的行为。归纳起来，顾客购买的心理过程为"被吸引——产生欲望——进行购物"。可由此采取对应的手段，赢得更好的营销效果。

城市商业职能已经明确了"商品"是构成商业空间环境的基本内容。在空间完成功能要求的过程中，商品无疑成为商业空间环境设计内容的主角，这也是商业空间环境设计的基本任务，就是围绕"商品"和"商业经营原则"的设计。我们完全可将商业经营原则作为商业空间环境设计的原则。

■ 5.1.3 现代城市商业具象态特征

所谓"具象态"，除商业建筑自身形象的样式以外，还有经营模式、供销习惯等人们容易直接察觉的一面。也就是最能体现地区地域性的人情风貌及反映文化、科技、历史的发展的过程。

（1）商业形象

随社会整体的进步和发展，店面的形象也就越发的重要起来，现代城市商业建筑应是包含商业标志、店面展示、建筑的要素在内的混合体，形成自己特有的外观容貌（见图5-3）。由此构成多姿多彩的商业建筑及组合形式，构成绚丽的城市风景，从而以其自身的外观形象影响着城市风貌（见图5-4）。

图 5-3　香奈儿品牌形象（具象态）

图 5-4　绚丽的城市风景

城市空间形象在维护其自身统一性的同时，不能埋没那些具有相对独立商业特性的建筑形象。这些对我们的商业建筑的装饰设计是一个巨大的考验。

（2）营销模式

现代商业的营销模式较以前已有了很大的改变。经营观念的改变促使新商业经营业态的形成，体现着现代城市的商业特征。①销售形式的改变。开敞式的购物模式拉近了顾客与商品的距离，商品以公开的方式面对顾客，使其能够近距离地了解、挑选商品；自选式购物模式使顾客更加便利、快捷，顾客的购物过程更加轻松自如。其结果，使顾客心理上得到了被尊重的愉悦满足。②空间功能的扩大。卖方空间服务区域的增加、休闲空间设施的进一步完善，如大型商业的卖场设置了餐饮小吃、影城、儿童游艺等，大大提高了亲和力，顾客可以从中获得更多的物质和精神上的享受，产生一种"逛一逛也是享受"的感觉，购物的心情更好。

以上种种现象，是以前商业营销中没有出现过的变化，其结果无疑会促使营销模式越发变得简便、多样而灵活，带来的自然是舒适、便利，销售活动更加科学。

同时，人们在商业活动行为过程中采取了一些切实可行的办法。例如，许多现代商业空间环境运用了大量的现代科技手段，制作出各类静态或动态的商品展示；在店内做一些演示、互动的动态展陈活动，营造火爆的商业空间氛围；建立品牌识别系统的"CI"设计，形成一个完整统一的标识性系统，这也成为现代商业设计的一大特征，即充分体现了商业空间的展示性特征的一面。

总而言之，现代商业在完成它自身功能的过程中，主要通过展示来宣扬和传递信息，这是建立商业形象和企业形象的最根本、最有效、最直接的途径，即现代商业具有明确的展示性的特征。展示性要通过那些易懂的、印象深刻的信息传递出来，这些信息包括前面提到的商业形象中丰富的内涵因素。因此，现代的城市商业设施形态在城市生活的事态中占据着很重要的位置，是再恰当不过了。我们有理由把现代商业的展示性特征作为商业空间环境设计的研究方向。

5.2　购物空间环境的类别

城市商业按空间形式划分为商业外部空间和商业内部空间，严格地讲，商业内部空间就是购物的商店，也就是商业活动是在商店内部进行和完成的。可以说，除去外空间交易的商业空间环境如商业街、集市等，其他都可以视为商业内部空间。商业内部空间又可划分出多种空间环境类别。应该说，现代的城市商业体系日渐成熟且种类繁多，各类商业服务设施满足着不同人群的生活需求。城市商业按空间环境大体划分为购物中心、超级市场、综合商店、专卖店等。这些商业群体以商品为中心，通过商品的展示、宣传来完成买方、卖方商品交易活动的场所，其内部的空间组织、区域划分、流动通道、商品展示、商业气氛营造等都有很高的要求和严格的标准。它们在体现明确的功能作用，同时，还在空间布局上反映出多样性的一面。

■ 5.2.1　城市商业购物中心

城市商业购物中心（Shopping Center 或 Shopping Mall）起源于国外。进入 20 世纪后，许多发达国家汽车业迅猛发展，交通越来越便利，人口从市区迁移至郊外。许多商家瞄准了商机，开始总体筹划，将购物、餐饮、娱乐的服务功能集中起来，建立全新的商业区，形成购物中心建筑群体。那时购物中心通常建在高速公路的附近。现在由于城市面积的不断扩充，这种商业空间类型也被应用于市区商业中心地段。

城市商业购物中心规模庞大（见图5-5），一般是由几栋建筑组合而成，除了有购物、餐饮、

休闲、娱乐等各类服务功能设施以外，还具备充足的停车场、餐饮加工等服务。空间布局上要求有充足的共享大厅环境，空间组织上分为开放区、封闭区。开放区要有宽敞的交通线路、明确的购物导向、充足的照明和分区收款、打包服务。封闭区除服务人员休息、办公、仓储外，就是经营区内的店中店，这些店中店要求有相对独立的商业销售体系。

图 5-5　城市商业购物中心

■ 5.2.2　城市商业超级市场

我们习惯将"超级市场"称为"超市"（见图5-6）。20世纪六七十年代城市商业超级市场开始出现在美国，并很快风靡于世界，形成了一种全新的商业销售形式。城市商业超级市

场之所以发展迅速，除了计算机的介入，使管理大大地降低了成本，更重要的是销售形式的改变，原来的柜台销售方式变为开敞式的自选，顾客可以随心所欲、近距离地挑选商品。还有一些大型超市增设了熟食加工场地与卖场呼应，相得益彰。另外，其保质、保鲜的商品和良好的售后服务深得人们的欢迎。

开架销售区的空间面积逐步增大，更加拉近了商品与顾客之间的距离。另外，其规模、品质都在向高端的水准发展。

图 5-6　城市商业超级市场

图 5-7　城市商业综合商店

目前超级市场的销售形式已被顾客接受和认可。各类超市如雨后春笋般地出现。市场中有按体量划分的大、中、小型的超市，也有按商品分类的超市，如装饰超市、日用品超市、食品超市、医药超市等。

5.2.3　城市商业综合商店

从目前的市场状况，城市商业综合商店已是相对传统的商品销售形式。这种形式的空间布局、货品分类、卖场分区都有很高的要求。现在的销售、空间布局、设施与以前相比有了很大的变化，特别是一些大型的综合性商厦都有了本质上的改变（见图 5-7）。它们在保留自身特色的同时，融入了许多超市的销售模式，

同时，那些中、小型及零星的特色小店，也根据商品来进行类型化、特色化方面改进，许多商店已呈现出专卖店的特征。

5.2.4　城市商业专卖店

城市商业专卖店有很独立的经营特色，一般以中小型的店面居多，有单独的店面或独立的区域的形式，也有同类专属性商品的各个店铺组成的商业街，如电子一条街、服装一条街、餐饮一条街等集市的形式。示例如图 5-8 所示。

专卖店分商品专卖和品牌专卖两种，它们的空间气氛略有不同。以商品作为标准划分的专卖店，如电器店、男装店、女装店、眼镜店、鞋店、礼品店等，在经营、展示设备上具有近似、统一

图 5-8 城市商业专卖店

的特点，空间占有面积适于小型或中型店面。品牌专卖店则不然，品牌性的商品有同类型的，也有系列的，后者的种类很多，展示设备的变化更多一些，要求空间布局上合理、美观，因此空间面积要根据实际选择，确定大、中、小型的店铺。

专卖店的购物空间环境在目前的城市商业体系中也是较为成熟的一种销售环境，且得到了顾客的认可。

总之，无论是什么样的、哪一类型的商业购物空间环境，它们都是遵循着围绕商品来进行商业活动的原则。现代城市空间中划分出很多层次不同、风格各异的商业设施，满足生活在城市中的人们多种多样的商业购物活动的需求，不同的时间、不同的需求都要有不同的选择，当今的城市商业体系为满足这些要求而不断地丰富和完善自身的形态。

5.3　购物空间环境的艺术设计

商业形态是由多方面的因素所构成的，我们如果要宏观地了解它，就要从它巨大的社会影响力和构成条件来进行分析和研究。可以说构成条件决定着商业形态的状况，同时，商业形态又体现着现代城市生活的状态。因此，社会责任和因素是购物空间环境的艺术设计的重要依据。也正是商业空间构成有其自身功能的特定要求，它与经营理念、经营方式、经营手段都有着密不可分的关联。

5.3.1　空间构成要素与购物空间布局要求

商业空间构成既有宏观把控，又有细节雕琢。在宏观上，商业空间构成应遵循建筑内部空间构成规律，如商业空间构成要满足功能性要求，就是空间构成的一个因素，功能对空间的限定，一是对空间形状的限定，二是对空间体量的限定，三是对空间质量的限定。以下问题都会对空间构成有功能上的要求：选择哪种类型的购物空间环境，是超市、购物中心，还是专卖店？计划顾客流量是多少？商品储存周转情况怎样？在细节上，商业空间构成要考虑空间构成要素的光影感。光影会对形态空间及物体产生强烈的空间层次感、空间体量感。不同的光线照射会使人产生多样感受，如强弱组合富有空间层次感，泛光的亮感和柔光的情调等。此处，商业空间构成要重视空间构成要素的运动性，要么视线移动，要么物体移动，或者同时移动，这些发生即时概念的动态形成了空间的多维性效果感受，而在商业购物空间环境设计中又是很突出的空间构成内容。

1. 空间构成形式

对照建筑内空间构成形式，商业环境的内空间构成是有自身特点的。这也构成了商业空间环境这个重要的公共空间自身特定的魅力。

首先是建筑的"开口"，即开门与启窗。

商业空间环境的开门有面积大而通透的要求，尤其大型空间还要求开门的数量多。这样外观上会有潮流性，其大面积的通透性还会增强流动感的商业氛围。启窗对商业空间是很好的商业宣传的橱窗设置，特别是首层位置更需要较大空间面积（见图5-9）。

图 5-9 较大的建筑"开口"

其次是空间的组合形式。公共建筑内空间构成并非"单一空间"，往往是多个单一空间的组合，按照水平和垂直的方向邻接着、序列着，充分强调其内在的连贯性，显现着点、线、面的关联性，在空间中的作用是多方位的，点接触的方向性；线接触组合而产生的跳动感；面接触组合使得相邻两个空间均被明确地连续

限定；"体"的组合还有互锁性和包容性存在形式的复合性空间，其中，互锁性组合就是既有彼此空间的独立，又能使用相互交叠的空间，就是空间的共享性，或是共享空间。大型综合商业空间环境里的此类空间构成形式屡见不鲜，可见其形式对商业空间环境适用性有多强。示例如图5-10与图5-11所示。

图 5-10 垂直连续

图 5-11 水平连续

对单一空间来说，其空间内部是不需要分隔的，但是由于结构和功能的要求，需要对原空间进行竖向或横向的再分隔，沿着水平或垂直方向做隔而不断的空间延续效果，这也适合商业性空间构成的要求（见图 5-12）。还有典型的抑扬法的空间构成形式，就是通过局部抬高地面和降低与其对应顶棚的高度，形成局部空间垂直高度聚中压缩，这是突出的"力向"运动。作为商业空间中的重要商品展陈方式，空间区域再合适不过了。

图 5-12 单一空间分隔

解决了宏观的空间构成，接下来就要解决空间布局问题。商业空间布局形式要考虑垂直和水平两个方向。现代的购物空间已随时代发展有了多方面的改变，由于"网购"现象的出现，我们已将现在的购物空间称为"商业实体店"。不管怎样，无论是商业空间还是商品流通的场所，都依然围绕销售商品的主题功能来运行。故此，我们还是先将商品按照类别进行划分，随后按照要求找到各类商品合理的空间布局位置。

2. 商品类别

商品类别是空间划分的基础。商品类别划分有几种方式，一般在综合的商业购物空间和大型超市中形成商品类别区域。

按照商品用途划分商品类别区域，是一种最为普遍的划分方式，例如：生活用品类，包括日用百货、化妆品；服装类，包括男士服装、儿童服装、服装饰品及鞋帽等；电器类，主要包括家用电器，不过，现在家电类商品已有许多专业商店经销；食品类，包括副食品、食品加工、蔬果、糖果等；文体类，包括文具、图书、音乐器材、影音制品、健身器材等；纺织品类，如布匹、软装饰品等。示例如图 5-13 所示。

另外，也可按照商品销售对象划分商品类别，如儿童用品、老年用品、女士用品等；按照季节性划分，如秋季商品销售区域、冬季商品销售区域等；家具、灯具、装饰材料等专业性强的商品，一般会有专卖的实体店。

图 5-13 各类商品

图 5-13 各类商品（续）

3. 空间布局要求

购物空间存在着建筑体量大小、平层或多层的情况，怎样合理地布置商品区域是必须考虑的问题。在了解了商品类别后，商品区域空间布局上还有一些原则要求，现将主要内容归纳如下。

一是依据商品性质来顺序组合，包括形态、颜色等问题。形态和颜色与展陈美感有关，商品之间存在关联性。例如，服装类与鞋帽组合，食品类组合，文体类与办公类组合。这些类别的顺序相邻，是合理的布置方式。

二是有些食品类商品存在气味，要选择通风好的部位，避免异味干扰其他商品，特别要避开吸附性强的商品，比如海鲜品与纺织品就不可相邻放置，同时要做好区域隔离的处理。

三是热销商品或日常销量大的商品，应注意组合不宜集中到一起。为避免过于拥挤，应围绕相对宽敞通道的附近设置。体量较大且交易率低的商品，应设置在底层或空间的近端部位。

四是一些悦目的商品，如鲜花类产品的销售区域应设置在显著部位，如出入口、主通道等地带。除超市有明确的出入口，其他购物空间的出入口功能无明显区别，因此，这是迎来送往的最佳选择。

五是注意设备的使用和安全。商品展陈需要电力设备的，如冷冻冷鲜的商品，其必备设备应设置在较为集中且易于安全管理的部位；影音商品的位置要依据展陈的方式来安排。另外，一些贵重物品要做好安全防范措施，如金银饰品等产品，尽量考虑采用相对封闭的店中店方式销售。

5.3.2　购物空间布局的基本形式

商业购物空间总是随着社会的进步而改变着自身形态，许多营业空间区域以更加开放的布局形式，取代了传统的顾客与营业员分离的"柜台"模式，因此，商业性质的空间布局形式也出现了富有新意的格局。一般的商店类空间环境规划主要由卖方空间和买方空间构成，卖方空间主要是商品展陈空间和销售营业区域空间及一些附属性空间。

1. 客流动线与流动通道

商场内部的客流动线在公共功能空间中极为重要，它直接决定着销售活动是否能够顺利完成。通常情况下，这一区域都要适当做一些客流动线的暗示和引导，利用通道的指示、区域隔断、地面材质与形体变化的围合等手段，确保动线的流畅性，并且经过这些暗示和引导，顾客应能明确由这个营业区到另外一个营业区的方向。还有就是尺度的设定，依据商店的档次标准，其尺度设定略有不同，档次高的大型商业空间，其流动通道尺度可设定得大一些。

一般标准的商场，营业区域之间的流动通道距离也要达到 1800~2200mm 的宽度，这是保证通道内两人并行、一人购物的预测尺度；小型商店不能低于 1600mm 的距离（见图 5-14）。流量大的部位尺度应控制在 4000mm 以上。

图 5-14 流动通道的尺度要求（单位 :mm）

2. 营业空间组合形式

对于商业购物环境来说，另一个重要区域就是营业空间部分，店内的排列组合有几种情况：边缘部位的排列组合，角隅部位的排列组合，中间部位的排列组合，包括柱间排列形式。

（1）边缘部位的排列组合

边缘部位的排列组合也被称为顺墙式线形排列组合（见图 5-15），在邻接通道的边缘处可有凹凸形、梯形、角形的变化。其优点是便于对商品的管理，方便销售中与顾客的交流，适于影音商品销售的展陈，如电视机在墙体上的展陈。

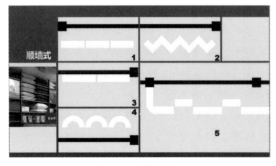

图 5-15 顺墙式图示

（2）角隅部位的排列组合

角隅部位的排列组合也被称为角隅式排列组合。角隅部位有凹入的阴角，也有凸起的阳角，布置时可依势而行，同时考虑与流动通道的关系（见图 5-16）。可采用四十五度斜角分隔形式、半圆连接形式的排列。其优点是便于商品管理，扩大经营的视角，适于鲜花等外形不规整的商品销售区域。同时，这种组合容易形成"景点"效果。

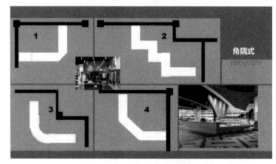

图 5-16 角隅式图示

（3）中间部位的排列组合

中间部位的排列组合也被称为中部岛屿式排列组合，是最为开阔的空间，排列组合的形式会多一些。依照商业客流动线的功能特点，形成阶梯形组合、多边形组合、线形组合、马蹄形组合等，常见的是方阵点式组合，体量大的"点"也称为岛屿形式组合，可借柱而围，单柱、双柱、多柱的利用都会自然便利（见图 5-17）。这种形式展陈商品较多，客流动线灵活通畅，容易使顾客对商品产生了解的兴趣，并且便于全面浏览商品，不足的是，增加了营业员管理的难度，因此，要适时地做一些空间围合与遮挡。

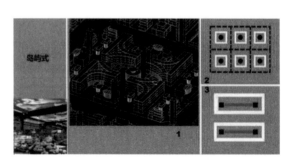

图 5-17 中部岛屿式图示

营业空间组合也可依据商品的性能、商品的外形特征、商品的销售方式，以及客流动线、密度等因素，采用灵活自由的形式。

5.3.3　营业空间的组织设计原则与技巧

商业购物空间作为商品交易流通的场所，其空间由卖方空间和买方空间两大部分组成，必须进行有效的空间组织。因此，在本身区域布局的基础上，还应合理安排各自占有空间之间的对应和衔接。

1.设计原则

前面已提及，商业环境的功能宗旨就是形成"被吸引——产生欲望——进行购物"为目的的空间设计，做到以"方便经营、提高效益"为目的的商业流通活动；以"方便顾客、吸引顾客"做好引导与暗示效果；以"方便管理、提高安全系数"营造空间环境的良好氛围。同时，商业环境中的每个商品经营区域都有各自特点，连带的设计思路必然有其不同的方面，也会形成格调和形式的差异，如男性用品和女性用品在空间色调上就应该有所不同。所以，设计师对此一定要有所认识，否则就会出现千篇一律的尴尬局面。

同时，营销方式决定经营场地的组织形式。就经营场地而言，目前，商业空间中保持着三种形式，即封闭式、半封闭式和开敞式。我们说，尽管目前商业环境有了很大的变化，但经营场地的组织构架依然保持着传统的封闭式（见图5-18），这也依据商品情况而定。例如，金饰品、名贵手表等一些贵重或不便管理的商品，仍然以此方式进行商品流通活动，一则是安全和便于管理的考虑，二则体现商品价值和对顾客的尊重。开敞式以货架或展架围合区域形成经营区域，便于顾客自由挑选商品，拉近距离感，这也是心理到行为的促销手段。我们提到的营销方式变化大多指的就是开敞式（见图5-19），因为，目前的情况是，除了必须封

闭经营的商品，凡是具备开敞式经营的商品，几乎全部采取这种方式。所谓半封闭式，是指那些既存在商品不便管理，又要有与顾客互动性要求的经营方式，如化妆品的经营就是典型的例子，而对于茶叶类商品，还要设置品茶的空间。

图 5-18　封闭式营业空间

图 5-19　开敞式营业空间

2. 空间组织技巧

在空间组织实施中，要特别注意空间分隔与关联、顾客流向与引导、空间层次与延伸等三大问题。

（1）空间分隔与关联

① 水平方向的空间分隔。通常利用建筑柱网结构、透明结构、轻体隔墙结构、装饰隔断结构等方式，沿空间水平方向围合出相对固定的、分隔的经营空间，利用柜台或展台设备等围合，更具可移动的灵活性。这样既可划分区域界线，又使空间隔而不断、连绵有序。

② 垂直方向的空间分隔。在空间构成中，我们提到过"抑扬法"的构成形式，延续这个方法，设计时也可以采取其他方式在顶棚和地面的对应空间做文章，如只是顶棚下降或地面提升的单向变化，或是采用对应的材质、色彩的变化等手段，都会形成和起到区域围合界限的作用。垂直方向还可采取叠加夹层的方式丰富空间效果，商业环境可利用一般尺度较高的优势进行这样的空间组织，不仅是空间统一中的变化丰富了空间层次感，而且在商业环境中，空间高度跌宕起伏的错落变化，还会减弱很多"买和卖"的生疏感，增添许多美妙的情趣。

（2）顾客流向与引导

在商业空间中，营业空间的重点装饰、商品广告、连续照明灯具、导示、标志、符号和景点等，哪怕是地面上投影下的箭头，都能起到吸引顾客视线并且引导客流方向的作用。商业的共享空间的垂直方向引导可以通过装饰景致、观光电梯、扶梯等的动态设计来识别（见图 5-20）。

图 5-20 商业引导设计

（3）空间层次与延伸

商业环境的空间层次是在水平方向围合时获得的，通过围隔相间的手法，汲取传统园林透景、借景、对景的精妙，形成空间层次和空间统一变化，这是商业环境所需要的一种空间组织形式。另外，空间扩充性的延伸效果，除空间形态强调外，根据人的视觉规律，通过室内各界面的装饰，利用材料的肌理、质感、色彩的扩充感，使空间围合界面产生延伸感，透明材质、玻璃镜面材料的使用，会更直接地达到这样的一种空间效果。示例如图 5-21 所示。

图 5-21 空间延伸设计

图 5-21　空间延伸设计（续）

5.4　商业购物空间展示设计

　　商业环境的空间展示的目的是让顾客了解和记住商品，从而引导顾客产生购买欲望，促进销售活动。商品展陈的要求是对顾客从视觉到触觉的感应，除特殊商品外，一般商品展陈都是可以近距离触摸的，这样会更加拉近顾客与商品的距离感，本身也是商家建立信誉的直接手段。现代商业空间的展陈要求，也会对店内的空间尺度有影响，同时，对布局也会带来影响。这些是在商业购物空间展示设计时要重点考虑的问题。

■ 5.4.1　空间展示设计原则

　　商业空间展示设计的目的是最大限度地吸引顾客，因此，丰富的想象力和创造力是设计的关键。展示设计要在遵循道德规范的基础上，体现时代风貌，以达到人们直觉审美效应的"瞬间记忆"效果的要求，这是展示设计的基本原则。

　　展示设计要通过艺术手段来展宣商品，最大限度地解读商品全部的作用，所反映的信息必须是真实和准确的，不可虚无缥缈、云山雾罩地造假宣传。展示设计在注意审美创造的艺术性的同时，必须强调其真实性的可信度，而强调真实性并不是否定表现力，而是要最大限度地激发人们的情感，并使其达到独特性和丰富性的新奇感的一种心灵感应。

　　商业展示设计体现时代性，商品是社会生产力和科技水平发展的产物，本质上体现着历史演进和人类社会的进步，作为信息传播媒介的展示设计，自然而然地带有明确的时代特征，否则，就会缺乏视觉冲击力，不能达到引人注目的效果，也就失去了展示的本质意义。注重时代特征的同时，也不可忽视其民族风格，各民族对图形、色彩和数字等都有着不同的情感反应，对于本族观众是在体味民族骄傲，对于外族观众，则是一种因好奇而探究的新鲜感。

　　直觉审美效应有"瞬间记忆"效果，展示设计的特征就是"在短时间内获取最大量信息"。（见图 5-22）。人们对商业展示物的观赏都是在很短的时间内完成的，因此要考虑如何在最短的时间里传递出商品最大的信息量。直觉审美效应强调的正是瞬间观照的过程，通过巧妙的情节、名人效应、情理之中预料之外的场景等手法（见图5-23）。可以将展示设计看作客体，人是当然的主体，经过展示的刺激，得到心灵交映，继而产生共鸣。

图5-22 视觉冲击力设计

图5-23 场景性视觉感受

■ 5.4.2 空间展示设计规律

说到空间展示设计规律，我们不妨将展示内容看作微缩建筑，并按照建筑造型术语对照分析。

（1）协调与对比

协调的本义解释就是，造型诸要素中加入相同或相似构成因素后，在造型构图上所产生的和谐效应。与之对应的是"对比"，即造型诸要素中加入不同构成因素后在造型构图上所产生的差异效应。在商业展示设计中，所谓谐调与对比，就是统一与变化，物体通过外在的形态、色彩、肌理（质感）等给人以视觉感应，要把握好形态的统一、色彩的统一、质感的统一，统一中追求变化（不同）。无论是哪种统一与对比，重要的是比值关系的完美。

（2）对称与均衡

形体范围内中轴线两侧造型相同的构图形式为"对称"。"均衡"在无形轴的左右、上下的形体不是完全相同的，但两侧造型有雷同相近的感觉，呈现出视觉平衡状态的构图形式。商业展示设计运用对称的手法很多，其庄重大方，用于商品展示会给人以安定感，从而对商品产生信赖。均衡也是常用的方法，富有变化的活泼与灵动，有相互呼应的平衡之感。商业展示设计常把支点作为展示中心，其左右上下的商品或多或少，呈现一种轻松的态势。

（3）节奏与韵律

造型要素按照一定规律重复运用而呈现出一种节拍感的构图形式，称为"节奏"。"韵律"则是节奏感的造型要素按照一定规律，抑扬变化而形成的一种富于韵调感的构图形式。节奏是根据反复错综和转换、重叠原理加以适当组织，产生高低、强弱的变化，富有节奏感和情节律动的美感。商业展示设计常常用到这样的技巧，如利用反复出现的表现形式，利用渐变的表现形式等，如图 5-24 与图 5-25 所示。商业环境的橱窗更具这样表现的条件。

图 5-24 节奏与韵律设计 1

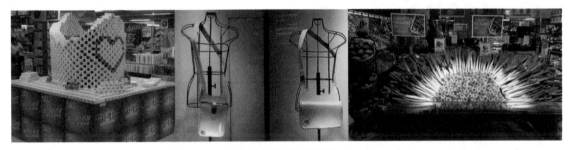

图 5-25 节奏与韵律设计 2

（4）比例与尺度

在商业展示设计中，比例与尺度的掌控极为重要。参照人体工程学的计测资料，人的正常视觉范围是由地面垂直向上 400~2200mm 的区间，那么，800~1700mm 即为最佳的展陈空间区域（见图 5-26），2000mm 以上作为局部照明设施的位置，400mm以下作为商品储存的位置。因此，展示设计的设备应以此作为尺度的参数。当然，有关比例与尺度，还有空间区域的大小、高矮、宽窄等，以及"黄金比例"参照、对比与应用的环节。

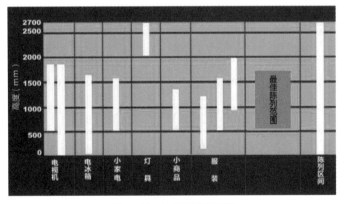

图 5-26 商品展陈高度区域

总之，商业展示设计在要求原则的基础上，按照客观与艺术规律行事，才可取得预想的结果，以此发挥自身的作用价值。

■ 5.4.3　商品展陈要点

商业空间环境中的展陈所占比重很大，加之商品种类繁多、特质不一，故而其展陈一定要有条理性。例如，商品款式有大有小、有硬有软、有粗有细、有重有轻、有整有碎等，特质也不一，有的销售频次高，有的滞留时间长等，可谓五花八门。可以按以下要点展陈商品。

一是按商品外形分类，将同款式商品归类放置。例如，箱包类商品可以将旅行箱、挎包、手包分类放置（见图5-27）；鞋类商品可以将普通款与休闲款分类放置等。二是按照商品规格分类，就是按照体型大小顺序排列。如电视机、冰箱类商品要考虑按体型大小组合排序，错落有致地放置，切忌杂乱无章，如图5-28所示。三是按照色彩分类按序放置。既然按照色彩排列，索性就依照明度、色相、冷暖的原则排列（见图5-29）。服装既存在色彩排列，也存在款式排列。

图 5-27 箱包类商品展陈　　　　　　　　　图 5-28 大件、小件商品展陈

图 5-29 色彩顺序排列

总体来说，商业环境中的商品展陈只是其中一个内容，陈列时还是应符合空间环境整体的要求、经营理念、顾客需求等因素，而且要协调好与场地环境、灯光照明及其他设备的关系。

5.5　商业购物外部空间环境设计

商业购物外部空间环境是整体不可分割的部分，它起着商业空间本身的作用，同时肩负着协调城市面貌的责任。商业空间环境设计包含店面设计和橱窗设计两部分内容。

■ 5.5.1　商业店面设计

商业店面由建筑的立面、店面橱窗、店面招牌和建筑入口等几部分内容组成，它们也是装饰装修的主要内容。商业店面的作用是不言而喻的，优秀的店面设计，能直接增强行业间的竞争力，同时，能明确店内经营的商品，能体现商家的企业形象。由于装修得精美，商业店面还能够起到美化城市街景的作用（见图5-30）。

图 5-30　商业建筑的美化作用

1. 商业店面设计的原则

商业店面的设计原则，首要的就是围绕"商品"与"销售"这一功能主体展开。一是要突出商业经营特色，让顾客一目了然，方便地进行针对性的选择。二是追求鲜明的风格特色，达到吸引顾客兴趣的效果，拉近情感且利于营销活动。三是店内外的有机结合，营造良好的商业环境氛围。四是注重信息传达，利用招牌、广告的手段，准确生动地传达信息。五是一定要选择适合于户外使用的装饰材料。如通透性好的玻璃材料的使用，会增进内外空间的拓展与延伸，其他要求就是依据设计风格特点配置使用材料，注意防腐和防水的因素。

2. 商业店面设计的表现手法

商业店面设计应以真实性和信誉度为基础，

装饰手法可灵活多样，空间限定不高，设计师发挥的余地较大，可采用多种表现手法。

直接表现商品的手法如水果店、糖果店可以直接采用这种手法，基于商品外形、色彩特征，让顾客产生相同的"感觉"（见图5-31）。

直接用文字广告的手法：它近似于标识的做法，存在着易识别、易记忆的作用。

用商品符号的手法：这是一个存在过渡识别感应过程，如看到胶片想到电影，看到水想到鱼，看到唱片想到音乐等，是一种形象化的延续联想。

用象征性的手法：如表现男性与女性的颜色差异很大（见图5-32），造型也是刚毅力量与纤细柔美的对比，尽管目前审美取向有裂变趋向，这还是一个标准型概念。

图 5-31　用直接表现商品的手法设计商业店面

图 5-32 用象征性的手法设计商业店面

用几何图形设计的手法：它体现出一种缜密感和逻辑性，适于书店和药店类型的店面。

品牌形象统一设计的手法：融入并运用"CI"和"VI"的统一设计元素的理念，形成记忆的商业品牌。如世界上知名的"Dior""PRADA""KENZO"等品牌店，由于采用这种手法设计商业店面，才使我们很快熟悉、了解和记忆。示例如图 5-33 所示。

图 5-33 用品牌形象统一设计的手法设计商业店面

除此之外，还有结构式的手法、民族传统手法。总体来说，商业店面设计有着巨大的想象空间，它同时构成了城市中丰富多彩的靓丽风景。

3.商业店面的入口

商业店面的入口是承接顾客的第一个部位，必须提供良好的开端。门开起的形式是内空间的开口，人出入室内的地方，要以实用性为前提。现代商业建筑空间入口门开起的面积越来越大，强调内呼外应。另外，在装饰及材料的选择上，门窗更多采用通透的玻璃材料，考虑客流的因素，入口的地面采用耐磨、防滑材料最为适宜，通常采用庄重高贵的石材。

商业店面设计中，商店招牌和店徽也是较为重要的内容（见图 5-34），有"画龙点睛"的作用。招牌的设计是影响店面设计的品质要素，同时，不可忽视夜晚的灯光效果。店徽设计是企业的文化，是招牌设计的一部分，是规范管理的标志，是现代商业形象的要求，更是商家良好信誉的标志，同时也是商家品质的体现。

图 5-34　商店招牌和店徽

5.5.2　商业橱窗设计

商业橱窗设计是商业店面的一个组成部分，其设计得是否得当，直接影响着店面的外观效果，需要我们有足够的重视。

1. 橱窗的构造形式

橱窗的构造形式有封闭式、半封闭式和敞开式三种，如图 5-35 与图 5-36 所示。封闭与否，都是指与店内的关系。封闭式橱窗就是与店内完全处于一种封闭状态，对外是看不到店内状况的橱窗背景，通过专门设置的开口（背景上的暗门）进行橱窗的更换布置。半封闭式橱窗是指店内与橱窗没有完全封闭，部分封闭或用通透材料作橱窗背景，店外能够隐约看到店内状况，是一种透景的手法。敞开式橱窗就是橱窗与店内完全不封闭，橱窗以店内景致作为背景，使人能感觉到空间的层次关系。

图 5-35　封闭式橱窗

图 5-36 开敞式与半封闭橱窗

2. 橱窗设计的原则

橱窗应与店面的整体风格协调统一，这样有利于商品的展陈美化店容、店貌。要求内容在"真实性"表现的基础上，具有"观赏性"的效果，同时，依照商业经营特色并结合商品，打造"主题性"的橱窗设计理念。

橱窗设置的一般规格要依据人体视觉范围角度，并与建筑外檐的整体体量来确定大小，不可盲目地确定尺度。一般情况下，大、中型的店面，橱窗的高度不超过3m，宽度控制在约6m为宜，底部至地面的建筑下坎部分在约0.5m为宜。多层建筑则要依据整体面积，按照构成关系设置。示例如图5-37所示。

图 5-37 橱窗展示尺度构成依据建筑及商品内容而定

3. 橱窗设计的表现与方法

橱窗设计是商业展示设计的一部分，或者说是延续，前已述及，这里不再赘述，只是就橱窗展陈的表现内容和艺术技巧做简要说明。

一是系列展陈表现，包括：同质同类的商品的展陈，即材质类型、商品类别完全相同的的商品的展陈（见图5-38）；同质不同类的商品（如皮制品、玻璃制品等）的展陈；同类不同质的商品（如外衣、毛衣、裤子等商品）的展陈（见图 5-39）；不同质不同类的商品（如项链首饰、箱包、鲜花等）的展陈。

二是专题展陈表现，包括：以销售对象为专题，如按照性别、年龄、职业等划分销售对象；以使用功能为专题，如"家纺专题""手表专题""箱包专题"等，如图 5-40 所示；以品牌为专题，如"CUCCI"系列、"PRADA"系列等，如图 5-41 所示；以季节或节日为专题，如春季商品或元旦商品等；以情节为专题，如"奥运""圣诞"系列等，如图 5-42 所示。

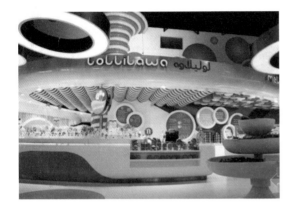

图 5-38　同质同类的商品的展陈

图 5-40　以使用功能为专题展陈商品

图 5-39　同类不同质的商品的展陈

图 5-41　以品牌为专题展陈商品

图 5-42　以情节为专题展陈商品

以上是表现内容的方式。再看一下橱窗的展陈技巧：组合法展陈，将相同或近似的基本构成因素的形体组合在一起；订折法展陈，限于可折订的商品，如服装、面料，将其用艺术性的折、订组成的橱窗空间形式（见图 5-43）；悬挂法展陈，将展陈商品按照橱窗环境情节要求用悬挂的方法组合起来，依据主次确定悬挂高度（见图 5-44）；道具法展陈，是最为常见的方法，常常以道具为辅助性基架来展示商品（见图 5-55）。

图 5-43　订折法展陈商品

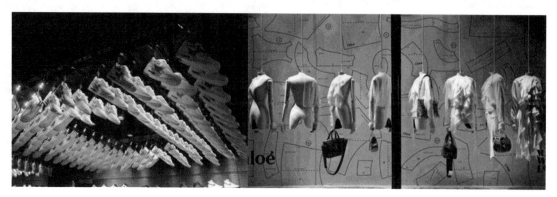

图 5-44　悬挂法展陈商品

图 5-45　道具法展陈商品

　　橱窗设计的艺术手段丰富,也充满想象力。采用比喻、夸张、借喻的手法使人记忆深刻; 形象的、有寓意的手法使人有所遐想; 模拟的、象征的手法又会给人更加亲近的情绪表露等。

5.6　购物空间照明与展陈设施设计

　　商业空间环境是相对复杂的公共空间场所,是人为活动频次集中且最为综合的空间单位,涉及具象和抽象的事物很多。下面对购物空间的照明和使用设施做简要的分析。

5.6.1　购物空间的照明设计

　　商业空间环境的照明应以吸引顾客、提高售货率为标准,要以照明突出商品的优点,以引起顾客的购买欲望为目的。

1. 空间照明光源及其选择

　　传统的光源品种有白炽灯、卤素灯、荧光灯、汞灯等,适用于室内空间;氖管灯光源即霓虹灯,用于户外店铺广告、招牌的光源。目前,LED 光源被普遍使用,这种光源显色性好、照度强,节省能源,商业空间选择使用是比较理想的。

　　不同的光源具备不同的显色性能,商业空间环境应具有充足的照明,对于光源的显色性能也应加以考虑,片面追求照度是不科学的做法,在商业空间中要依据商品款式、质地和色泽来选择一些显色性能好且适合的光源,见表 5-1。

表 5-1　白炽灯与荧光灯的区别

光源	光源显色	效果	增强颜色	被照物体效果
白炽灯	白加黄（阳光色）	暖	红、橙、黄	增强立体感
荧光灯	冷白色（日光色）	稍冷	所有颜色	增强真实感

　　商业照明一般有一般照明、重点照明、装饰照明等几种形式,有一定的要求。如果把内空间环境一般照明的照度设定为 1,那么商业环境的常规情况要求就是,商品展陈区域、柜台销售区域及店前区域照度值应为 1.5~2 倍,更远处的商品展陈应为 2~3 倍（见图 5-46）,橱窗为 2~4 倍,重点展陈为 3~5 倍。照明设计时还要考虑照明距离对物体的影响也是较大的。

图 5-46 商业空间照度要求

商业空间环境有一些重要的局部照明，称其为"引人注目"的照明方法，如停留浏览商品的照明方法，这一定是重点照明的商品展陈部位；吸引人们进入商店的照明方法，给人绚丽热烈、美轮美奂的神秘感；脚光照明，安全性的特殊照明方法，体贴入微的情感交流的方式；使商品易被看到的照明方法，朴实真切；眼睛不疲劳的照明方法，无眩光、柔和泛光的专利。示例如图 5-47 与图 5-48 所示。

图 5-48 加强照明的引人注目

2. 营业区域的照明

不同的商品要求不同的照明形式。例如工艺品、珠宝、手表等，为了使商品光彩夺目，应采用高亮度照明。布匹、服装等商品要求照明接近于天然光，以使顾客看清商品的本来颜色。肉类和某些食品最好用玫瑰色的照明，以使这些食品的颜色更加新鲜。示例如图 5-49 与图 5-50 所示。

图 5-47 点式照明的引人注目

图 5-49 服装照明

图 5-50 小件商品照明

商店的照明为使空间开朗、大方、和谐、统一，最好采用顶灯照明为主要照明，柜台中和货架上的商品还可加壁灯、射灯或其他的照明形式，柜台内也可安装荧光灯管，以使商品更加醒目，丰富光照的层次。

总之，商业空间环境的照明呈现了商业功能的特质，复杂中有丰富，丰富中有多彩，多彩中有绚丽等，恰如其分的照明设计定会美化环境。

5.6.2 其他设备设施

完整的商业购物环境包括空间形态、内空间构成、空间区域布局等，当然也包括商品，还有支撑商品的货柜、销售柜台、储存设备和各类的展宣设备。下面就按照商品类别，以图例方式予以说明，如图 5-51~ 图 5-57 所示。

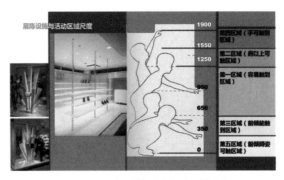

图 5-51 展陈设施与人体活动区域尺度

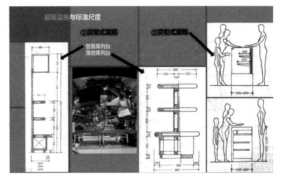

图 5-52 展陈设施图示 1

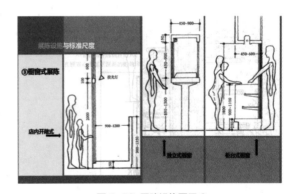

图 5-53 展陈设施图示 2

图 5-54 POP 展陈设施及展陈形式

图 5-55 服饰展陈设施及展陈形式

图 5-56 蔬果展陈设施及展陈形式

图 5-57 鞋类展陈设施及展陈形式

5.7 商业购物空间环境设计赏析

图 5-58~ 图 5-61 所示为书店、大型超市等实例，希望对读者学习借鉴有所帮助。

图 5-58 书店设计案例

图 5-59 大型超市设计案例

图 5-60 赫尔佐格和德·梅隆的门店设计案例

图 5-61 PRADA 品牌店设计案例

　　图 5-62~ 图 5-66 所示为专题性的橱窗设计与店内展陈案例，可从中体会到商业空间除了使用功能性之外还有活力、魅力。

图 5- 62 商业空间店内卖场设计案例

图 5-63 商业空间店内卖场"象征性"设计案例

图 5-64 男性奢饰品店内卖场设计案例

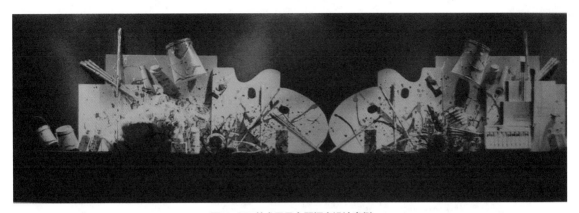

图 5-65 美术用品专题橱窗设计案例

图 5-66 圣诞主题店内氛围设计案例

第6章
办公空间环境设计

人们在办公空间的时间应是人生命中的三分之一。对一个典型的办公建筑而言，同一个空间可能会被一连串不同的使用者所占有，而特定的使用者均有其使用需要（加之日益上涨的地价）。因此，办公区的室内设计要求重复性设计，除了能反映出相关的人文因素外，必须反映出空间使用的效率性。这就要求设计师不仅应熟悉办公室空间设计的总体设计标准，还应熟悉办公室空间环境典型的内部要素。

6.1 办公空间环境基本内容

公共建筑的办公环境经历几十年的迅速发展后，已进入相对成熟的阶段。当前社会由工业化时代进入信息化时代，劳动力不断由产业工人转向从事技术管理的专业人员，也形成了"白领""蓝领"的"阶层"概念，"白领"数量的扩大化致使办公人员骤然增加，办公空间需求量的增长成为必然的趋势。目前情况是，早已成熟的办公空间环境呈现出职业特征和风格特征的专业水准，并且具备了明显的空间环境设计特征。

■ 6.1.1 办公空间环境的基本特征

1. 办公空间环境的灵活性和适应性特征

办公室是人们从事行政管理和处理各类信息的公共场所，因此，办公室设计与信息处理技术密切相关。随着现代生产技术的高速发展，信息技术更深、更广的覆盖，促使办公设施、设备不断提升，呈现着日益更新的态势。据相关资料分析，办公空间环境内部使用周期已由过去的几十年变得越来越短，预示着空间调整的频率随之增加。为了适应设备的更新及办公组织结构的变化，办公空间环境要求有较大可调整的灵活性。另外，办公建筑的统建与商品化（商务写字楼），也是要求办公空间具有灵活性的一个重要因素。新型的开发商方式统建一栋办公楼及办公楼的出租或出售模式，往往要求一栋办公建筑能适应多个不同部门的使用要求，便于适应办公空间环境灵活组织与划分这种多样性的需要。示例如图 6-1 所示。

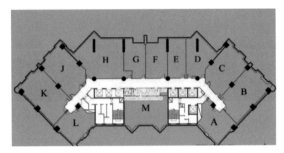

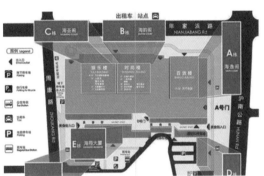

图 6-1 商务写字楼模式

例如，一座商务办公的高层建筑，除了内部使用的单间办公室，其余为开敞的出租办公室，租用单位可根据需要进行内部布置。每层楼按工作流程的变化能自由地划成大空间或分隔成小房间。同时，每一开间都有独立空调、照明和电器设备线路，外墙部分的墙板和窗也可以根据采光及室内布置的需要来灵活调整。这种灵活性就体现了现代办公空间环境适应性的本质要求。

2. 办公空间环境的职业性和风格性

现代办公空间环境设计总是强调和体现职业特性，职业特性主要体现在两个方面，即办公性质和信息化标准（见图 6-2）。

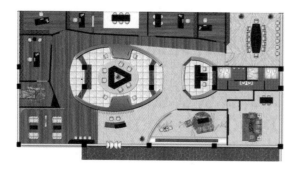

图 6-2 现代商务办公信息化标准

办公性质：不同的办公性质都有着不同的特征和空间设计要求，从而形成了常规管理性质的标准型办公和事务型性质的"生产"型办公空间环境模式。例如，建筑设计或平面设计等专业设计性质的办公空间环境，依照功能性空间要求，除去常规的办公单元空间，还要求有设计人员的区域空间和集中会审的空间区域，这些都不同于常规的办公和会议空间，必须有符合专业设计的特定空间要求，以及设施、设备要求，它们都会与工作状态有关。

信息化标准：无论哪种空间模式，都要达到电子信息化的要求，这是现代办公空间环境职业性的重要体现。综合后的这些职业性特征的体现也就必然带来空间风格性的出现与形成，在思想意识的作用下，围绕主题的时代性风格特征就会顺理成章地显现其中，从而更为完整地诠释着当代办公空间环境的精神风貌，从大的空间形态到细微的座机电话，过去的一些东西都在悄悄地改变着，融入全新的风格性空间之中。

3. 办公空间环境的舒适性

现代办公室设计强调了为使用者创造良好工作环境的原则，突显了对使用者作为办公空间环境中主角的关爱和重视，而环境的优劣直接影响使用者的工作效率，其效率的经济价值也会大大超过办公室建设本身的直接投资。也就是说，在全部的办公系统投资中，包括建筑和设备投入在内，职员劳动力的投入比重最大，更重要的方面是由此投入所产生或转化为人创造的"办公"劳动价值。因此，办公空间环境的舒适性也是必然性的特征（见图 6-3）。

室内空间、采光照明、色彩、气候、视听的条件、家具造型及其布置等都将直接影响工作的质和量。衡量的标准是工作完成的速度及差错率。虽然，有些思维工作难以用具体数字来衡量。例如办公室有良好的室外视野或闻到植物浇水后散发的清香，能帮助人们进行思维活动和决策事务。又如办公室创造一种有个性且具有家庭气氛的环境，有助于人们发挥工作能动性等。

图 6-3 办公空间环境的舒适性

4. 办公空间环境的精神文化生活要求

办公空间环境的精神文化生活要求这一特征体现了人性化设计的一般规律和设计目标。

现代办公空间环境既是工作场所，又是联络感情的社交场所，就是要建立起"精神文化生活"的环境形态（见图6-4）。

图 6-4 现代办公空间环境精神文化性

因此，在办公建筑或办公室内部区域内设置休息、活动空间，有利于人们在工余促进交往，以探讨问题、增长知识、增进友谊、寻求意趣，非常有益于人们的身心健康。例如，有这样一种办公空间环境的布局：绿意盎然的中心区域被设定为职员的活动中心，周围设有开敞办公室，以及游泳池、健身房、餐厅、咖啡厅及酒吧间等空间单元，建筑屋面又是屋顶花园，屋面铺满草皮……这样的空间环境是最为理想的"花园式"办公空间环境，无疑会提高使用者劳动的工作效率，同时也体现着时代气息。

6.1.2 办公空间环境的职能性质类别

办公空间环境大体分为两类建筑空间形式：一类是单位或机构专用的办公建筑空间，整体建筑按照原单位或机构的实际情况来整体规划设计空间；另一类是由开发商建设并管理的办公楼出租给不同客户，就是所谓的商务写字楼性质的办公空间。写字楼用户按各自的职能需求来规划设计空间环境，空间布局、企业形象具有各自特征。

作为办公职能性质的公共空间，它绝不仅是指办公室之类的孤立空间，其中还包括供机关、商业、企事业单位等办理行政事务和从事业务活动的办公环境系统。因此，办公空间环境设计包含的内容十分丰富，办公室设计中所需要考虑的因素也较为复杂，为了更好地把握

办公室设计中的规律，要先进行简单的分类。办公空间环境依照职能性质分为以下几个基本类别。

（1）行政办公空间环境类型

行政办公空间环境即指党政机关、人民团体、事业单位和工矿企业的办公空间环境，其特点是部门多，分工具体；工作性质主要是进行行政管理和政策指导；单位形象的特点是严肃、认真、稳重。办公室设计风格多以朴实、大方和实用为主，具有一定的时代性。

（2）商业办公空间环境类型

商业办公空间环境即指商业和服务业单位的办公空间环境，其装饰风格往往带有行业窗口性质，以与企业形象统一的风格设计作为办公空间环境的形象。因商业经营要给顾客信心，所以其办公室设计都较讲究和注重形象塑造。专业性办公室指各专业单位所使用的办公室设计空间环境，其属性可能是行政单位或商家企业。这类办公空间环境具有较强的专业性，如设计机构、科研部门及商业、贸易、金融、信托投资、保险等行业的办公空间环境。如果是设计师办公室，其装饰格调、家具布置与设施配置，都应有时代感和新意，要能给顾客信心，并充分体现自己的专业特点。如果是设计院、电信部门、税务部门等的办公室，则各有各的专业特点和业务性质。此类专业性办公空间环

境，其办公室设计风格应是在实现专业功能的同时，体现自己特有的专业形象。

（3）综合性办公空间环境类型

综合性办公空间环境即以办公空间为主，同时包含商业、餐饮、金融、旅游、娱乐等服务业的特性，在形象塑造、空间构成等办公室设计要求与其他办公空间环境设计要求相同的同时，也体现着综合性的特点。

随着社会的发展和各行业分工的进一步细化，各种新概念的办公空间环境还会不断出现，如智能型办公空间环境的出现。智能型办公空间环境具有楼宇自动化的智能功能，就是办公空间环境要达到5A级自动化标准：OA——办公自动化系统，CA——通信自动化系统，FA——消防自动化系统，SA——安保自动化系统，BA——楼宇自动控制系统。北京的中环世贸中心、宝钢大厦就是这种标准的智能型写字楼办公空间环境。

6.1.3 办公空间环境的功能区域

通常的办公空间环境的功能区域以办公功能区域为中心，辐射与之相关的功能区域，形成完整的空间环境。大体设置为办公专用区域、公共活动区域、职能服务区域和从属设施区域等功能区。

在办公建筑空间中，办公专用区域显然是空间主体，其空间布局内容取决于职能性质特征，并依据办公楼自身的空间形态、建筑构造等情况进行设计，根据需要划分出封闭性单间办公室、开敞性空间办公区域及综合性办公区域。其中包括画图室、主管室或经理室等专属性质办公房间。

办公空间环境的公共活动区域是以活动为主的空间，用于办公空间环境内部的人际来往或外部职员的集聚交流、展现展示等，如会客室、接待洽谈室、各类会议室、阅览展示厅、多功能厅等（见图6-5）。

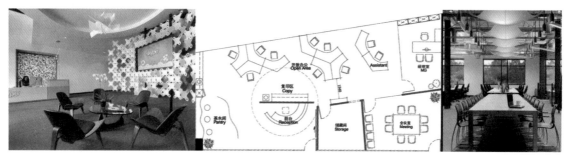

图6-5 办公空间环境的公共活动区域

职能服务性区域用房在办公空间中也很重要，其对办公效率有着直接的影响。如果办公空间提供材料信息的集中、整理、传输、储存等，就要有材料室、档案室、文印室、计算机室、晒图室等专用的区域或房间。

从属设施区域空间是为办公空间环境内部职员提供生活及环境设施服务的用房，也是必备的空间区域。如锅炉房、茶水间、卫生间、员工餐厅和休息室等生活附属区域空间；强电系统、弱电系统、消防系统、空调系统等专项设备间。此外，办公空间还包含入口区域、接

待等候区域和收发室等功能区域。

总之，办公空间环境的功能区域是空间环境设计的基础，只有清晰地了解这些内容，才可以进一步判断出空间构成形式的适用性和舒适性，从而得到满意的办公空间环境的设计。

6.1.4 办公空间环境的构成形式

办公室（区域）是办公空间环境的主要构成部分。办公室（区域）的空间环境组合与划分，就是依据使用功能对办公空间环境进行各种各

样的分隔和联系，为使用者提供良好的空间环境，以满足各种办公活动的需要。从空间平面的组合形式上看，直接的办公区域大体可分为单间式、开敞式、景观式和综合式等几种空间构成形式，它们各自具有明确的功能趋向性和不同的设计要求。

1. 单间式

单间式办公空间环境是将部门或工作，分别安排在不同大小和形状的房间之中，适用于日常工作联系较少，工种差别较大，私密性和领域性要求较高的部门或工作。通常情况下，政府机构的办公空间环境多为单间式布局。示例如图 6-6 所示。

图 6-6　单间式办公空间环境

单间式空间环境的优点是各个空间独立，相互干扰较小，灯光、空调等系统可独立控制，以此节约能源。在实际应用中，单间式办公室可以将一般普通职员安排在多人房间内，高级职员安排在单人房间内，各个办公室通过走道或走廊相互联系。同时，单间式办公室还可以

根据需要使用不同的间隔材料与方式，分为全封闭式、透明式或半透明式。全封闭式的单间办公室具有较高的保密性和防止外界干扰的作用；透明式的办公空间环境则除了采光较好外，还便于领导和各部门之间相互监督及协作（透明式的间隔可通过加窗帘等方式改为封闭式）。当然，单间式办公空间环境也存在一定的缺点，如在工作人员较多和分隔较多的时候，它会占用较大的空间，不利于与外界交流。

2. 开敞式与景观式

开敞式办公空间环境设计是将若干个部门置于一个大空间中，将普通职员和高级职员放在一个开敞的办公区域内，依据工作流程安排恰当的工位，以方便办公人员相互间的工作联系。每个工作台通常用隔断、家具或室内绿化等形式进行空间分隔与联系，便于人们联系又可以相互监督，以此达到舒适便捷的办公环境。

如图 6-7 所示，开敞式办公空间的优势明显，由于工作台集中，省去了不少隔墙和通道的位置，节省了空间；同时，办公空间环境的装修、照明、空调、信息线路等设施易于安装，因而费用有所降低。开敞式办公室的缺点是部门之间干扰大，风格变化小，且只有部门人员同时办公时，空调和照明才能充分发挥作用，否则浪费较大，因而，这种开敞式办公空间环境适用于私密性要求不高且联系密切的办公性质工作，多用于大银行和证券交易所等单位，是利于许多人在一起工作的大型办公空间环境的布局形式。

图 6-7　开敞式办公空间环境

图6-7 开敞式办公空间环境（续）

开敞式办公室常采用不透明或半透明轻质隔断材料隔出高层领导的办公室、接待室、会议室等，使其在保证一定私密性的同时，又与大空间保持联系。

随着工作的日益复杂，开敞式办公室工位布置方式由最初的规整性，逐步发展为景观式办公室，这种改变有利于职员之间的复杂交往。

现代办公室空间环境设计更注重人性化设计，倡导环保设计观，这就是所谓的景观式办公空间环境模式。从1960年德国一家出版公司创建景观式办公空间环境以来，这种办公室设计形式在国外非常受推崇。如今，高层办公楼的不断涌现，对大空间景观办公室的发展起到了很大的推动作用。特别是在全空调设备与大进深的办公空间里，为最大限度减小环境对人们心理和生理上造成的不良影响，减轻视觉疲劳，造就一个生机盎然、心情舒畅的工作环境，景观式办公空间环境模式尤为重要。

景观式办公空间环境的特点是：在空间布局上创造出一种非理性的、自然而然的，具有宽容、自在心态的空间形式，即"人性化"的空间环境。这种方式通常采用不规则的桌子摆放方式，室内色彩以和谐、淡雅为主，并用盆栽植物、高度较矮的屏风、橱柜等进行空间分隔。生态意识应贯穿景观式办公室设计的始终，无论是办公空间外观的设计、内部空间的设计还是整体设计，都应注重人与自然的完美结合，力求在办公空间区域内营造出类似户外的生态环境，使人们享受到充足的阳光，呼吸到新鲜

的空气，观赏到迷人的景色。在自然、环保的空间环境中办公，每个人都能以愉悦的心情、旺盛的精力投入到工作中。示例如图6-8与图6-9所示。

图6-8 景观式办公空间环境

图6-9 延伸性景观办公空间环境

3. 综合式

综合式是将单间式与开敞式结合到一起的办公布局方式，也是西方国家运用较早的办公方式。综合式将普通职员安排在开敞的空间（被称为"牛栏式"办公区），高级职员安排在周边，以隔断分隔开来。赖特在 1939 年设计的约翰逊制蜡公司总部大楼，就采用此种方式（见图 6-10）。

图 6-10　约翰逊制蜡公司总部大楼

综合式办公区也有以高级职员为中心的布局方式，就是将其单间设置在空间的中间部位，四周安排为一般普通职员的开敞办公区，其隔墙多采用玻璃等通透材质，一方面便于与周边的联系和情况的观察，另一方面使封闭空间不给人闭塞的感觉。

除此以外，公寓式和单元式办公空间环境也以其特有的构成方式出现，这种形式更适于职能专一、职员偏少的小型办公空间。除晒图、文印、资料展示等服务用房为大家共同使用之外，其他的空间具有相对独立的办公功能。特别是公寓型的办公空间，以公寓型办公空间为主体组合，也称办公公寓楼或商住楼，其空间构成具有明显特征：除了可以办公外，还具有类似住宅的盥洗、就寝、用餐等功能。公寓型办公空间环境提供白天办公和用餐，晚上住宿就寝的双重功能，给需要为办公人员提供居住功能的单位或企业带来了方便。

6.2　通用办公空间环境设计要求

6.2.1　空间环境的设计原则

办公空间环境的总体设计准则，就是要突显时代性、高效性和简约性的空间氛围，并以此为基础，体现文化性的特点和体现自动化科技水准，使之达到完整统一的办公空间环境效果。

办公室最重要的功能就是保证办公的工作效率。一个经过设计的人性化办公空间环境，所要具备的条件不外乎自动化设施、办公家具、空间环境、功能要求、信息传递及个性展现等几个因素。只有具备了这些因素，才能塑造出一个较好的办公空间环境。将这些因素合理化、体系化地进行组合，就能达到办公空间环境所需要的设计效果。因此，设计中我们要遵循一定的原则。

其一，深入了解企业文化背景，展现企业

形象。办公空间环境设计，首要的就是充分了解企业文化、传统因素，如此才能设计出反映该企业风格与特征的办公空间环境，使设计具有鲜明的个性和生命力（见图6-11）。

图6-11 个性和生命力设计

其二，深入了解企业性质。主要是对企业内部机构和人员配置有充分的了解，以此确定各部门所需面积和办公设施，规划好流动路线。在此基础上，依照环境因素，结合现代化科技的运用，科学地处理信息、文件等细节，同时还应了解公司的扩展方向，这样便于为企业预留发展空间（见图6-12）。

图6-12 企业性质表达设计

其三，满足空间秩序性要求。秩序性是办公空间环境设计的一个基本要素，办公空间环境设计也正需要运用这些原理来营造一种安静、平和、整洁的环境。秩序性营造包含空间形态和空间布局。形态要求：家具样式与色彩的统一，隔断高低尺寸与色彩及材料的统一，天花处理的平整性与墙面装饰的简洁性，合理的室内色调等。布局要求：平面布置的规整性，人流导向的合理性。充分考虑工作流程特性，着重考虑其工作的性质、特点及各工种之间的内在联系。应了解工作的流程特性，并根据作业流程确定布局，避免整个工作的进展交叉移动。这些都与秩序密切相关，可以说秩序在办公室设计中起着最为关键性的作用。示例如图6-13所示。

图6-13 空间秩序性设计

图 6-13 空间秩序性设计（续）

其四，营造明快轻松的办公氛围。明快轻松的办公氛围一般需要干净明亮的色调、合理布置的灯光、充足的光线等，这是办公室的功能要求所决定的。总体环境色调淡雅明快可给人一种洁净之感，给人一种愉快心情，同时也可以增加室内的采光度。示例如图 6-14 所示。

其五，充分考虑人体工程学，注重其适用性和舒适性。现代人体工程学的出现，使办公设备在适合人体工程学的要求下日益完善，办公的科学化、自动化给人类工作带来了极大方便。我们在设计中应充分利用人体工程学的知识，按特定的功能与尺寸要求来进行设计，这些是设计的基本要求。示例如图 6-15 所示。

图 6-14 轻松明快的办公氛围

图 6-15 考虑人体工程学的设计

其六，排除和降低噪声等不利因素的干扰。办公空间环境的营造还应该控制噪声等不利因素的干扰。由于办公空间中人流频繁，故步行产生的噪声是设计中必须考虑的问题，可铺设塑胶面、地毯或木地板等降噪材料；顶界面应采用质轻并具有一定吸声作用的材料，侧界面可以采用隔声性能较好的材料。同时，在布局上应注意将空调机房等噪声大的服务性设施与办公空间保持一定距离，并避免过多的人流穿插对办公产生干扰。示例如图6-16所示。

图6-16 有降噪、防干扰措施的设计

此外，在办公室设计中，设计师并不一定要对现代化的计算机、会议设备等科技设施有绝对性的认知，却应对这些设施有最基本的了解。如果设计师在设计办公室时，只看重外在表现的美，而疏忽了那些适用的功能性，导致设计不能与办公空间环境的使用设备联系在一起，其结果就是空间功能性的丧失，为使用者带来诸多不便，这样办公环境的作用就不存在任何意义。

■ 6.2.2 办公空间环境的采光与照明设计

办公空间环境的照明通常是自然光源与人工照明光源两种组合使用。天然光线的自然光丰富且质量好，为人们长期工作和生活所习惯，而人工光源则有电能消耗的问题。因此，办公空间环境的照明多以自然光源采光为主，辅助以人工光源的照明。

光环境的质量和效率是办公空间环境自然采光和人工照明的主要问题，会对以视觉工作为主的办公的效率产生影响。设计中要充分考虑光照对人情绪和心理反应的影响，合理使用各种光照效果。

1. 自然光源采光

办公空间环境的工作时间大部分是在白天，有大量自然光从窗户照射进来，因而，办公空间环境的照明设计的自然采光应与人工光源彼此调节、相互弥补，从而构成合理的光环境。

自然光源的引入与办公空间环境的启窗有直接关系，空间中，启窗的大小、自然光的强度及角度的变化，都会对使用者的心理与知觉产生较大的影响。正常来说，窗的开启越大，天然光的照射度就越大。然而，天然光的过强照射会对空间产生刺激感或干扰，影响人们办公时的心情。所以现代办公空间环境的设计，既要有开敞式窗户，以此满足人对自然光的心理要求，又要注意设计使光线柔和的窗帘装饰，使自然光能通过二次处理，变为舒适的光源。示例如图6-17所示。

图6-17 自然采光的办公空间环境

图 6-17 自然采光的办公空间环境（续）

2. 人工光源照明

在组织设计照明时，应将办公空间顶棚的

明度调整到适中水平，不要过于昏暗或过于明亮，保证充足和均匀的照度。照明方式以半直接照明为宜，尽可能地避免眩光现象。

保证足够的照度是办公空间视觉功能的需要，每个不同的办公空间环境都有其照度要求标准。通常情况下，办公空间环境分为工作区域、一般区域和次要区域。以工作面的工作区域为准，其周边为一般区域，而相邻的走道为次要区域。经研究，一般认为一般区域的最低照度为工作区域的三分之一，次要区域的最低照度为一般区域的三分之一。因此，设计时一定要对工作区域的点位布置做到心中有数，以免造成照度过于不均匀的现象。部分空间推荐照度见表 6-1。

表 6-1　部分空间推荐照度

类别	推荐照度（lx）	区域部位
大办公空间	750	办公桌面（工作区域）
文件存放空间	300	文件标签（一般区域）
办公空间	100	通道桌面高度（次要区域）

均匀照度要求的目的是保证视觉的舒适度，减轻眼睛对明暗变化的频率适应度而引起的视觉疲劳，因此，空间内照度的反差不宜过大。经计测，空间内顶棚和墙面等环境照度与工作面比值应不小于十五分之一，或者大于五倍。示例如图 6-18 与图 6-19 所示。

图 6-18　人工照明的办公空间环境

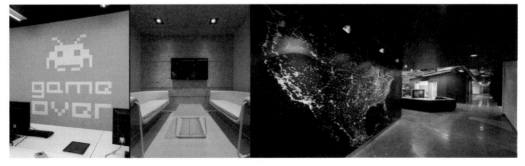

图 6-19　室内空间环境的照度关系

照明设计时应避免眩光的问题。当视野内出现过亮或亮度对比过强的情况时，眼睛就会受到很大的刺激，产生刺眼的现象，这就是眩光。眩光有直接眩光和反射眩光两种，直接眩光是自然光直接照射或人工光源直接照射引起的，反射眩光是顶棚、墙面、工作面出现高亮度光线或高亮度对比的光线。可以采用三种方法减少炫光的出现：一是调整好光源与工作面的角度，避免直接照明出现的眩光；二是空间内的饰面材料尽可能选用无光或亚光的类型，以避免反射眩光；三是依据材料的质地、色彩明暗、照度的高低进行调整。

3. 照明的光色

在设计时，要充分考虑办公空间环境的墙面颜色、材质和空间朝向等问题，以确定光线照度和光色的处理。光色也是照明系统重要的因素之一。从心理效应分析来看，高亮度暖色光环境适于人体肌肉活动，而低亮度冷色光环境适于人体视觉和思维活动。在公共空间环境内，健身、餐饮适合采用高暖色环境，休闲、休息适合采用低暖色环境，而工作性质的公共空间环境则更适合采用冷色光环境。

此外，办公空间环境照明设计还要考虑光效率的问题，这一问题直接关系到能源的利用。例如自然采光的二次利用，照明与其他设备系统的综合利用等。总而言之，办公空间环境照明是关乎空间功能效率的重要环节之一。

6.3　功能性空间设计

办公空间环境具有明确的区域划分要求，环境内各个功能空间的布局形式、空间面积、家具尺度都有具体的要求，这也是办公空间环境设计的重要内容。办公环境据此划分为办公室功能性空间、办公区域功能性空间、会议功能性空间、接待功能性空间，都需要我们依据功能特性与形式进行深入的分析。

6.3.1　办公室功能性空间

办公区域的布置与使用方式和标准、布置形式和设备尺寸等因素有直接的关系。例如单间式办公室，从使用方式上要注意两个问题：一是普通的办公空间是比较固定的，如以个人使用为主的空间区域，要考虑各种功能的分区应尽量避免过多的走动；二是多人使用的办公室，在布置上则首先考虑按工作的顺序来安排每个人的位置及办公设备的位置，避免相互的干扰，公共通道布局应合理、清晰、通畅，避免来回穿插走动时发生过多的问题。

对于这类办公空间，比较典型是私用办公室，如负责人办公室。负责人（总裁、经理）是单位高层管理人员，是一个团队的总管和领导，所使用的办公空间采用封闭性的单间式办公室，其办公室则是解决日常事务、招待来宾和交流的主要场合。同时，这类办公空间能从一个侧面较为全面地反映机构或企业的形象，以及经营者的品质素养。

这类私用性质的办公室的设计要点有几方面：一是私用办公室的设计需要了解基本尺度要求和办公区的空间范围，一般需要设置来访者就坐的区域；二是办公区或办公桌的布置形式或尺度应根据理想中的样式来确定（见图6-20），达到伸手可及的标准，因此形式上不一定是方方正正的布局，要根据空间环境来制定标准，可能是半圆形、圆弧形或其他异形；三是有条件的可增加洽谈或小型会议的空间功能性区域，需要说明的是，这样的空间区域不具备独立会议的功能。

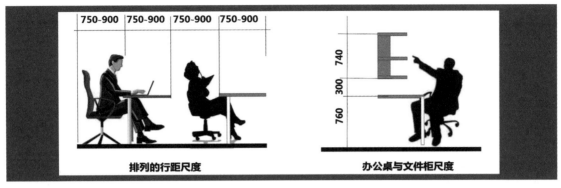

图 6-20 多人私用办公室的尺度要求（单位：mm）

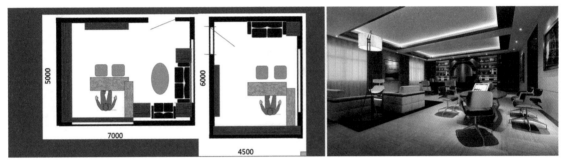

图 6-21 单人私用办公室（单位：mm）

私用办公室往往按照小型、中型和大型来布置，也可采用套间的方式布置，格局上会兼有小型会议和一般接待的功能（见图 6-21）。小型的办公室一般不会设置会议和接待的区域，通常在办公桌对面设置接待的座位，形成最为简单的接待区域。

办公面积可参考美国的指标参数，见表 6-2 与表 6-3。

表 6-2 高级职员办公面积指标参数（美国）

房间类别	面积指标（m²/人）	备注
总裁房间	35~55	套间
董事长房间	30~35	套间
副职房间	20~30	
经理房间	15~20	
助理房间	10~15	

表 6-3 一般职员办公面积指标参数（美国）

房间类别	面积指标（m²/人）	备注
工程师	9~12	
总裁秘书	9	
会计	7	
打字员	6	
绘图员	8	

■ 6.3.2　办公区域功能性空间

这里所指的办公区域功能性空间就是开敞式的办公空间。目前，常见的开敞式办公区域存在开放式和屏敞式两种形式，分别有其特点：开放式办公区域无私密性或精力集中的工作要求，大体包括普通工作、操控工作设备打印处理文件、数据登记等性质的工作；屏敞式办公区域，有阅读工作、思考计算、会议和信息联络的私密性要求，工作性质要求清除视觉和听觉的干扰。设计中可考虑使用一些立体的遮挡物，通常用封闭或半封闭的隔板，也可用一些趣味性或主题概念性的装饰物进行隔离阻挡。办公区域功能性空间的常规布局要求如图 6-22 所示。

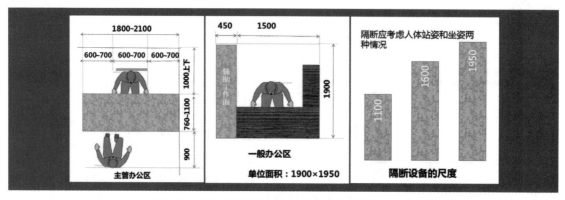

图 6-22 办公区域功能性空间的常规布局要求（单位：mm）

在此类功能性空间中，办公空间的个体办公区的尺度要依据工作需要采取相应的标准，除以上典型的几种，若有会客或接待特点的工作区，则应在基本的工作面和辅助工作面以外，增加必要的会晤工作区域。

功能性空间的秩序性设计应依据工作性质来组织实施。办公区域的工作性质如下：一是普通工作性质，包括处理文件的移交、储藏，参考资料的储藏等；二是工作设备需要打印处理文件的性质，包括将文件处理或移交其他部门，参考资料的使用，文件和参考资料的少量储藏。三是数据登记的工作性质，包括参考资料的频繁使用，文件材料或信息的处理及保存等。

有关办公区域的工作性质，我们特别要考虑所谓的具有"生产"含义的办公空间环境，如专业设计的事务所等。

办公区域的尺度概念，对空间内部点位布局和相邻关系方面有着重要的影响作用。办公空间的尺度是按照人体空间活动域和心理域的指标进行界定的，以此来满足办公空间里的工作和活动需要。一般工作关系的心理域距离为750~1200mm，一般接待来访的心理域则较大，其社交距离以 1200~3600mm 为宜（见图 6-23）。

图 6-23 心理域距离（单位：mm）

接下来介绍办公区域的家具布置问题。办公区域的家具布置是依据整体的区域布局形式、工作性质和一些常规数据来确定的，其主要家具是办公桌、办公椅、高低不同的文件柜等。家具的围合可以形成 U 字形的基础组合方式，以及更多的布置形式。

一字形布局：职员与职员间的位置在一条直线上，排列方法有横向和纵向两种布局，具有职员位置相互间的平等性和连贯性。

辐射式布局：以一点发射出若干个支点，以主要领导者为中心，职员环绕四周。这种布局易于加强主要中心人物的领导位置，主从关系分明，产生明显的向心力，便于主从关系的工作交流。

方格式布局：把空间划分成若干小空间，或根据每个工作性质的需要，以矮结构划分成大小不等的小隔间。此种布局方式在空间上可得到充分的利用，既规整又灵活，适于独立性较强又需要时常相互交流的工作方式。

环形布局：主要人物与从属人员工作位置形成环形网络，特别适于流程较强的工作方式，适于流水式的工作状态。示例如图 6-24 与图 6-25 所示。

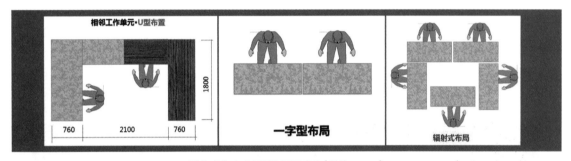

图 6-24 办公区域布局形式 1（单位：mm）

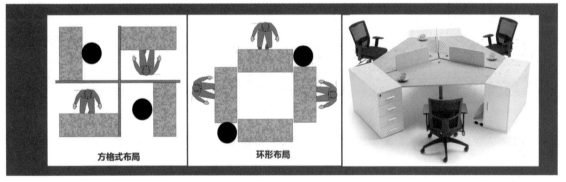

图 6-25 办公区域布局形式 2

开敞式办公空间形式对于提高工作效率起到了重要作用。

■■ 6.3.3　会议功能性空间

办公区域会议功能性空间处理存在两个方面的要点：一方面是空间面积中注意把握好家具布局及流动通道的有效尺度关系，另一方面是会议桌的形状对会议空间功能氛围的影响。

首先，在尺度的把握上强调考虑工作区域和流动区域的相互关系，注意会议桌边缘到墙边的距离，通常在 1200mm 以上；区域划分上以桌面的位置为会议桌工作区，并确定为主要的区域，体现出功能性家具摆放形式的特点，另外还要设置合适的座位区和流通区域。桌面参考尺度与座位的关系见表 6-4 与 6-5。

表 6-4 方形桌面参考尺度与座位的关系

桌面尺寸（mm×mm）	座位（个）	房间面积（mm²）
1500×1500	8~12	4000×4000
1300×1300	8~10	3500×3500
1000×1000	4~6	3200×3200

表 6-5 圆形桌面参考尺度与座位的关系

桌面直径（mm）	座位（个）	房间面积（mm²）
3000	12~15	6000×5500
2000	8~10	4500×4500
1000	4~6	3500×3500

其次，把握好会议桌的形状与特点。方形与圆形有利于营造亲切、平等的氛围，同时加强空间的紧密度，相对节约了空间，其不足是在影视墙（屏幕）的使用上存在不利因素，还有主从身份很难确定，因此可以在座椅的尺度和形制上略有变化。长条形会议桌与船形会议桌有助于身份和等级制度等主从关系的明确，有利于视听墙的布置与使用，而且船形会议桌更有利于与会人员之间的能见度。示例如图 6-26 与图 6-27 所示。

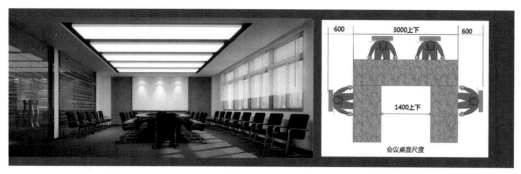

图 6-26 办公室会议区域功能尺度要求（单位：mm）

图 6-27 办公室会议区域布局形式（单位：mm）

■ 6.3.4 接待功能性空间

办公空间的接待功能性空间包括专门的接待室房间、洽谈室和入口接待区，以及来宾等候的区域。每个接待性质的区域都有其侧重，总体来讲，它们之间的共性主要就是接待外来宾客的功能，因而，给来宾留下美好印象是其关键的功能职责。

接待区的恰当设计无疑会对企业的形象展示和交流起到至关重要的作用，是来访者最先和最终看到的地方，会留下深刻的印象和记忆，影响力极强。接待区既要有吸引力，也要提供相应功能，设置来访者的就座区和接待员的工作台。设计师力图满足群体客户之外，还应考虑一些特别的来访者（如残疾人和儿童等）的问询位置，这里也可借鉴商业服务行业所设置的儿童专用位置，同时，考虑残疾人专用坡道和盲人专用设施。常用的尺度要根据功能要求及空间环境状态，进行准确和科学的设计。一般接待员工作台的高度控制为 950~1200mm。示例如图 6-28 所示。

图 6-28 办公空间接待区域

6.4　办公空间环境设计赏析

图 6-29~ 图 6-31 所示为波兰 FreshMail 现代新潮的办公空间环境、慕尼黑旧车间翻新的办公空间环境、法国 pons+huot 新型办公空间环境。图 6-32 所示的空间环境设计极具个性。

图 6-29 波兰 FreshMail 现代新潮的办公空间环境

图 6-30 慕尼黑旧车间翻新的办公空间环境

图 6-31 法国 pons+huot 新型办公空间环境

图 6-32 极具个性的空间环境设计

图 6-32　极具个性的空间环境设计（续）

第 7 章
餐饮空间环境设计

餐饮空间环境是带有经营性质的公共空间环境，除了专门性质的餐饮功能空间如酒店空间、酒吧空间、会所空间及一些商业购物之外的营业性场所，书吧、体育健身、美容、洗浴等一些休闲空间内，同样也会有餐饮功能需求。它们时而独立出现，时而以集群综合体出现在公共环境之中。本章我们着重介绍餐饮空间的环境设计。

7.1　餐饮空间环境设计概述

公共室内空间的构思依据，就是要充分体现该建筑的性质和使用功能，创造出特定的空间环境气氛。作为餐饮空间环境的内部设计，首要的就是具有对顾客的吸引力与信誉度。除去美味佳肴的精美，环境气氛是极其重要的方面，室内设计应依据服务对象和服务性质进行有效的处理，以营造各具特色的内部空间格调。

伴随着人们对生活品质高标准的要求，在现在的餐饮空间环境里，顾客在餐饮方面不再满足于普通的吃喝，还要追求个性、精致的餐饮装饰风格，享受舒适、愉悦的进餐环境氛围，有着对餐饮空间意境的需求，因此对现代餐饮设计提出了新的要求（见图 7-1）。所谓成功的餐饮空间设计，首先需要围绕餐饮功能特征进行创意和艺术处理，明确和体现主题性思想；其次，在空间的使用功能、形态构成、材质选择、色彩运用、陈设艺术、装饰手段和各专业配置等方面，进行系统化的雕琢和处理，营造出赏心悦目的空间氛围。

图 7-1　餐饮环境的新要求

7.1.1　餐饮空间环境功能的基本特征

我们知道，餐饮空间环境主要是供人们就餐和进行交际活动的场所。从事餐饮服务的组织和方式很多，餐厅、酒店、服务性空间、食品加工厂及个体服务，通过对食品进行加工处理，满足食客的饮食需要，从而完成供需双方各自要求的一项社会活动。餐饮活动是丰富多彩的，由于地域不同、文化背景不同和习俗不同，人群的饮食习惯和口味存在差异，因此，每个地方的餐饮风格也都呈现出多样化的特点，这就为餐饮空间环境设计提供了更加广阔的余地。

从目前餐饮行业的趋势来看，餐饮行业已成为服务业重要的组成部分。餐饮以其市场巨大、增长快速、影响广泛、吸纳就业能力强的特点而受到广泛重视，也是发达国家输出资本、品牌和文化的重要载体，各路金融资本和产业资本的介入，更助长了这一趋势。与此同时，日韩、欧美餐饮企业进入我国市场，也带入了海外文化与理念，促进了我国餐饮业的发展和变化。目前，餐饮业已经进入投资主体多元化、经营业态多样化、经营模式连锁化和行业发展产业化的新阶段，行业的发展势头强劲。这些动态无疑为餐饮空间的专业设计提出了新的要求，因此，我们有必要对餐饮行业的功能特征进行一定的分析，同时我们可以通过行业特征分析来感受"空间环境"角色的重要程度。

首先，餐饮服务的方式是双方面对面共同完成，存在即时性的特征。这就是说只有当客人进入餐厅后，服务才能进行，当客人离店时，服务也就自然终止。同时，它的生产、销售、消费几乎是同步进行的，因而生产者与消费者之间是当面服务、当面消费。这样的服务与被服务方式，如果是在一个得体的空间环境中进行的，无疑会促进服务与被服务的感觉。

其次，餐饮业具有体验性的特征。餐饮业在服务效用上有无形性，它不同于水果、蔬菜等有形产品，能从色泽、大小、形状等就能判别其质量的好坏；也不同于产品，在出厂前质量检验不合格，可以返工，在商店里，你认为不满意的产品，可以不去购买。餐饮服务只能通过就餐客人购买、消费、享受服务之后所得到的亲身感受来评价其好坏。既然如此，体验性特征对餐饮空间环境必然有非同一般的要求。

最后，餐饮服务还具有多方面的差异性特征。餐饮服务的差异性一方面是指餐饮服务是由餐饮部门工作人员通过手工劳动来完成的，而每个工作人员由于年龄、性别、性格、素质和文化程度等方面的不同，为客人提供的餐饮服务也不尽相同；另一方面，同一服务员在不同的场合、不同的时间，面对不同的客人，其服务态度和服务方式也会有一定的差异；再一方面是餐饮服务形态方式的差异性。可以想象，这些差异性都会相伴着各异的餐饮空间环境而出现。示例如图7-2与图7-3所示。

图7-2 服务的时代性差异

图7-3 服务方式与环境的多样性

7.1.2 餐饮空间环境的形态类别

餐饮空间究竟以何种形态来完成其自身功能，对空间环境设计来说是至关重要的，是把握设计方向和原则的基础，对此我们必须有足够的认识。前面已提及，不同地区、不同文化背景和不同生活习惯的人，自然形成的饮食口味不同，加之由于诸多生活、工作的限定所致的就餐方式的不同要求等因素，导致千姿百态的餐饮服务业态的出现，满足着各种各样的消费需求。因此，世界各地的餐饮公司表现出多样化的特点。

餐饮空间环境的形态类别有多种。以空间形态形式分类，有大型宴会厅空间、中小型饭店空间、自助餐空间、快餐式空间、散餐式空间、排档式空间等；以风格性质分类，有中式餐厅、西式餐厅、伊斯兰餐厅、日式餐厅等；以菜品特色分类，有风味餐饮、某面馆、某火锅店，以及具有中国传统特色的"饺子馆"等；以地方菜系分类，有粤菜馆、闽菜馆、川菜馆等。示例如图 7-4 与图 7-5 所示。

图 7-4 以风格性质分类的餐饮空间环境

图 7-5 以菜品特色分类的餐饮空间环境

在当代百姓生活中，餐饮服务和餐饮需求也发生着很大变化，国外餐饮企业进入我国后，无形之中推动了目前餐饮服务业态的多样化发展。由单纯的价格竞争、产品质量竞争，发展到产品或企业品牌的竞争、文化品位的竞争；由单店竞争、单一业态竞争，发展到多业态、连锁化、集团化、大规模的竞争。由此，我国涌现出一批大的餐饮公司和连锁企业，它们的一个共同特点是都在立足自己的基础上寻求向外部扩张。新的业态出现，必然会对旧的观念有所冲击，从经营理念、服务质量标准、文化氛围、饮食结构，到从业人员素质要求等方面都将产生巨大改变。这些给本土餐饮品牌带来较大的变化，最大的改变就是空间形态硬件设施方面的提升，并带动了消费模式的创新，一些"主题性"餐饮空间应运而生，餐饮连锁式服务受到青睐等。示例如图 7-6 所示。

图 7-6 海洋主题设计的餐饮空间环境

从未来趋势看，超市餐饮将补充连锁快餐，构成大众化市场。纵观国内餐饮市场的需求变化，大众化经营意味着廉价，但不等于低水平的经营，它是一种拥有较高服务标准和质量，而价格相对较低的经营，连锁快餐和连锁超市正好适应这种经营模式。借鉴零售业中的超市布局原理，采用开架陈列、自我服务的超市餐饮，改变封闭式的餐饮操作和就餐方式，形成餐饮经营新格局，实属客观之必然。

总之，餐饮服务经营理念和消费观念的丰富与变化，最直接的反应就是餐饮空间形态多样化和品质化的改善，主题性和文化性的强调大大地丰富了餐饮空间的形态特色，这就要求餐饮空间环境设计在做好功能性设计的基础上，要满足更多、更新、更高的环境设计需求。

■ 7.1.3 餐饮空间环境形态的功能

弄清楚餐饮空间环境形态的类别，我们

也有必要对形态特征做进一步的了解，这对设计餐饮空间所需要的且正确的功能组织有一定帮助，同时对声光效果和空间环境氛围的设计驾驭起到有益的作用。下面依据综合性方式对典型性的餐饮空间环境，进行分类并简要介绍。

1. 宴会功能的餐饮空间环境

具有宴会厅功能的饭店可以被认为是最为正统和标准的餐饮空间环境。首先空间面积要达到一定规模，就餐区域设置主次分明，主要区域内餐桌一般尺度较大且摆放有秩序、规整，餐桌、餐椅华丽且舒适得体，并保证具有仪式活动功能的布置，设置背景舞台等功能性设施，空间气氛要求有端庄、隆重、大方之感，大厅与包间之间连接便捷通畅。此外，此类型的餐饮空间要具有综合性的功能，同时设置普通的散座区域、快餐区域等，作为次要区域，供不同需求的客人就餐。风格上可体现中式或西式的装饰样式。示例如图 7-7 所示。

图 7-7 端庄的宴会功能餐饮空间环境

2. 快餐厅性质的餐饮空间环境

它主要分为中式快餐厅和西式快餐厅，中式快餐厅以快餐形式供应中国传统的小吃或比较简单的饭菜。西式快餐厅是以麦当劳、肯德基、赛百味等为代表的连锁形式餐饮空间。由于这类餐饮空间环境的性质多为连锁店，因此快餐厅设计要求突出快餐的相关要求，还要注意品牌特点，具有快餐性质的餐饮空间一般只需提供较小的桌子和椅子，尺寸能满足服务需要即可。整个餐厅设计要求环境整洁卫生，色彩明亮大方。示例如图 7-8 所示。

图 7-8 快餐厅性质的餐饮空间环境

3. 西餐厅的餐饮空间环境

其风格自然是西式的情调，又有欧式、古典、现代等不同风格的划分，但一般都设有散座和吧台，有的还有包间。平面空间布局相互连通又各自独立，空间完整而又有层次。古典的立面多数按西方古典建筑的手法处理，通过陈设品来突出餐厅的格调和主题，受菜品和饮食习惯的影响，一般西餐厅的空间气氛显得相对平静。示例如图 7-9 所示。

图 7-9 西餐厅性质的餐饮空间环境

4. 中餐厅的餐饮空间环境

顾名思义，中餐厅的餐饮空间环境就是中式风格、中式菜系的餐饮空间环境，一般根据餐厅规模大小设有迎宾台、散座、包间、收款台等功能设施。设计风格在中式的基础上，根据不同的餐厅主题来设计包间和大厅散座等就餐区域。空间形式会给食客提供轻松便利的餐饮环境，适于大众进行休闲交际活动。示例如图 7-10 所示。

图 7-10 中餐厅性质的餐饮空间环境

5. 酒吧形式的餐饮空间环境

酒吧的形式越来越多元化（如主题酒吧等），但是总体来讲，其设计与西餐厅的设计有些相像，但是更加突出空间的个性特征。灯光色彩一般较暗，更加注重营造空间的气氛。

咖啡厅和西餐厅的设计有些相似，只不过空间相对更小，一般多为欧式的设计，古典或现代。这类餐饮空间环境的功能更适于进行一些具有商务交际之类的社交活动，同样也比较受年轻人的喜欢。示例如图 7-11 所示。

图 7-11 酒吧形式的餐饮空间环境

7.2 餐饮空间环境的设计

餐饮空间环境是食品生产经营企业通过即时加工制作、展示销售等手段，向食客提供食品和服务的消费服务场所。对餐饮空间环境的设计，首先是对现场的环境、建筑等状况进行深入的调研勘察和了解分析，建立和形成可行性设计方案的基础；其次是对餐饮的经营理念、经营目标和消费定位进行深入了解和分析，获取准确且有效的功能性实施方案；最后是充分考虑并做好原有设备因素与餐厅设计的配合，这是设计中的细节递进。由此制定并形成餐饮空间的主题性概念设计思路，并且延续到材料处理、工艺连接、陈设艺术等后续工作。

7.2.1 餐饮空间环境设计原则

现代餐饮空间环境无论采取哪种服务类型，其环境设计都是围绕服务功能，并依据经营性质类别来组织进行的。餐饮空间环境的基本功能组成部分是门面入口、就餐区、备餐区、食品展选区、操作间、服务台、员工休息区、库房等，有些餐饮空间环境还设有候餐区域，主要用来迎接顾客到来和提供客人等候、休息的区域。高档餐饮空间的接待区一般都单独设置在包间内，有影音设备、阅读功能、简易康体和观赏小景等功能。餐饮空间环境功能区域如图 7-12 所示。

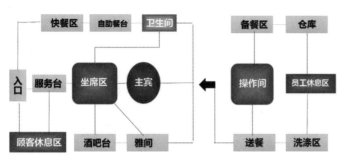

图 7-12 餐饮空间环境功能区域

餐饮空间环境设计的原则应是正确的目标定位。在处理餐厅顾客和设计师之间的关系中，应以顾客为先，而不是设计师理想化的自我表现。如餐厅的功能性质、范围、档次、目标、原建筑环境、资金条件及其他相关因素等，都是设计师必须考虑的问题。

就设计原则和细节而言，餐饮空间环境的功能分区、就餐区意境塑造、空间环境动线设计等环节的合理规划尤为重要，是决定设计成败的关键。由此，依据科学的原则执行设计工作也是很有必要的。

其一，餐饮空间环境功能分区的原则。在总体布局时，要把入口、前室作为第一空间序列，把大厅、包房作为第二空间序列，把卫生间、厨房操作间及库房作为最后一组空间序列。要确保其流线清晰，在功能上划分明确，以减少相互之间的干扰；餐饮空间分隔及桌椅组合形式，要在不破坏整体的基础上尽可能多样化，以满足不同顾客的需求。同时，空间的分隔也要有利于保持不同餐厅、餐位之间的私密性和不受干扰；餐厅空间应与厨房相连，而且应该遮挡视线，厨房及配餐室的声音和照明灯都不能照射到客人的座席处。示例如图 7-13 所示。

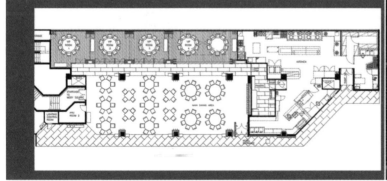

图 7-13 把握整体布局各功能的空间序列

其二，就餐区意境塑造的原则。就餐区是餐饮空间环境的主要服务区域，常规的就餐区域设置有主题包间和大厅就餐区域，而大厅区域又可依据就餐人数和就餐习惯要求分为宴会区域、散座区域、卡座区域，也可设置快餐区和吧台区。不同的细化设置区域有其不同的意境设计要求，应避免千篇一律的装饰方法。例如，包间的主题性设计应在不会干扰的前提下具备世外桃源的意境塑造；宴会功能性质区域要突显大方、规整和热烈的空间氛围；卡座区域制造出优雅宁静的空间气氛，使其与相邻的宴会气氛自然过渡；确保散座区给人轻松愉快的感觉等。示例如图 7-14 所示。

图 7-14 餐饮空间环境意境的塑造

其三，餐饮空间环境动线设计的原则。餐厅的流动通道设计应该流畅、便利、安全，方便客人。应尽量避免顾客动线与服务人员动线发生冲突，当发生矛盾时，应遵循先满足客人的原则；通道时刻保持通畅。服务线路不宜过长，尽量避免穿越到其他用餐空间；适宜采用直线，避免迂回绕道，以免人流混乱，影响或干扰顾客的进餐情绪；员工动线要讲究高效，原则上动线应该越短越好，而且同一方向通道的动线不能太集中，要去除不必要的阻隔和曲折，清晰明了。示例如图 7-15 所示。

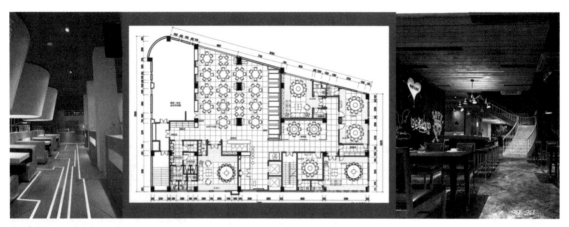

图 7-15 某餐厅流畅、便利、安全的动线

■■ 7.2.2 餐饮空间环境设计要点

餐饮空间环境设计中还有一些需要注意的设计要点，包括我们对空间环境所理解的和视觉感受的形态、质感和色彩等。

一是餐饮空间环境的造型设计要点。不同的空间造型给人以不同的心理感受。首先从空间形态来说，方形的空间会给人以庄重、规整和厚重的心理感受；圆形和弧形的空间会给人柔软、亲切和流畅的心理感受；多边形或混合形态会给人以活泼、轻松、随意的心理感受。其次从空间形式上来说，封闭式的小空间环境给人以宁静和稳定的心理感受，开放式的大空间环境则给人以宽阔和舒爽的空间感受。至于封闭式空间的处理，可以和包间一样运用实体空间分隔的手段，如此的空间形式带有很强的安全感与私密性。也可以用半封闭的方法来处理，采用绿化、通透的隔断屏风；还可以利用家具、灯饰等来围合划分出相对独立的虚空间，形成既相对独立又融入和共享周围的空间环境。示例如图 7-16 所示。

图 7-16 空间形态产生明确的心理感受

二是餐饮空间环境的照明设计要点。餐饮空间环境的灯饰配置应满足以下要求：①供给餐厅室内活动所需的基本照度。②照明和灯饰应制造气氛，突出餐饮空间的重点和亮点区域部位，以此对划分空间进行强调，同时照明对制造错觉、调整气氛等能起到不可忽视的作用。一般来说，餐厅、饭店的灯光要求柔和，不能太亮，也不能太暗，室内平均照度为 50lx~80lx即可。照明方式可采用均匀漫射型或半间接型，在多种方式共同使用时，一定要在灵活运用的情况下，达到合理的要求。餐厅中部可用吊灯或发光顶棚的照明形式。同时，餐厅灯具的光色要与自然光接近，以准确显示食物的颜色。灯具的造型也应美观。设计师应通过照明和室内色彩的综合设计创造出活跃、舒适的进餐环境。示例如图 7-17 所示。

图 7-17 餐饮空间环境的照明设计

三是餐饮空间环境的色彩设计要点。在餐饮空间环境视觉传达设计中，色彩影响着顾客的就餐心情。色彩在光线的映衬下，更能唤起人们相应的感情取向，其烘托就餐气氛的功效显而易见。空间的色彩之美在于和谐，而和谐来自对比与调和。在餐饮空间环境色彩设计中，首先要根据餐饮空间环境的总体风格特色选择色彩的基调，而后依据餐饮空间环境中不同区域的功能来设定和搭配局部空间的色调。我们知道空间色彩的差异是色彩对比的前提，差异大小决定了对比的强弱程度，其中最主要的因素是色彩的色相、明度、纯度，以及色彩的冷暖、面积大小的对比。例如，门面招牌、电梯间等人们逗留时间短暂的空间区域，可采用高明度色彩来获取光彩夺目的清新之感。在较长时间逗留的餐厅包间区域内，可使用中低明度的暖色调，给人华丽和舒雅的空间环境气氛。示例如图 7-18 所示。

图 7-18 空间色彩对主题气氛的强调

　　四是餐饮空间环境的材料设计要点。对于餐饮空间墙面围体的装饰材料的选择运用，除了要考虑花色、质感和款式，在餐饮空间环境中，更应该重点考虑防尘、防污染的问题，以尽可能地避免油渍、气味的污染问题。这个问题实际上也与菜系菜品有一定的关联，如一般的中式餐饮空间环境经常采用常规的涂料类材料，也可选择木料、石材及一些新型的复合材料来装饰墙体，这些材料也便于装饰风格上的处理。对西式餐馆的墙面装饰，可使用一些硬包、壁布作为风格装饰的强调。可以说，一般的西餐菜品对于空间环境的污染程度相对较小，除了烤肉之类的餐馆。总之，餐饮空间的墙体装饰材料既是体现空间环境氛围的指标，也是环境品级的指标。示例如图 7-19 所示。

图 7-19 餐饮空间环境的材料运用

　　五是餐饮空间环境的格调设计要点。餐厅是最能体现空间环境个性的场所之一。每个餐厅都有其特色与主题，而这个主题又与其经营的菜系息息相关。格调较高的餐厅还会将丰富的哲理与生活态度蕴含在室内设计中。在空间分割上，注意串联每个餐区的同时，应注意使必要的遮挡体现设计水准，充分发挥艺术特点，因为在餐区里最没有限定的部分便是这些遮挡物。当然，遮挡物的处理能起到烘托气氛的作用，万不可与室内环境的整体风格产生矛盾。示例如图 7-20 所示。

图 7-20 格调设计示例

图 7-20　格调设计示例（续）

六是餐饮空间环境的陈设设计要点。装饰陈设是餐饮空间环境设计后期的一个重要组成部分，也是对餐厅空间环境设计的二次创造。从家具样式到艺术品的风格，以及织物的纹样、色彩相互呼应统一，都可以提高餐厅的文化氛围和艺术感染力。它包括家具的陈设织物的式样、艺术品摆放、绿化植物陈设、灯饰配置等，植物的颜色、种类等应与整个空间氛围协调一致，以创造出高雅宁静的用餐环境。示例如图 7-21 所示。

图 7-21　陈设产生的空间意境

7.2.3　餐饮空间环境的空间组织形式

在餐饮空间环境设计中，其空间组织形式大都依据空间环境形态类别和功能作用来进行，从而形成不同的方式状态，空间组织形式是后续设计的基础。归纳起来，比较常见的空间组织形式有集中式、组团式及线式（见图 7-22~图 7-24），以及它们的综合方式。

在餐饮空间环境中，集中式空间组合形式是一种稳定的向心式的空间组织方式，它由一定数量的次要空间围绕一个大的占主导地位的空间构成。这个中心一般为规则形，如圆形、方形、三角形、正多边形等。一般来说，周围次要空间的形式不同、大小各异。其功能也可以不同，设计师可以根据场地形状、环境需要及次要空间各自的功能特点，在中心空间周围灵活组织。这种形式有主有次，既统一又变化，层次感鲜明。

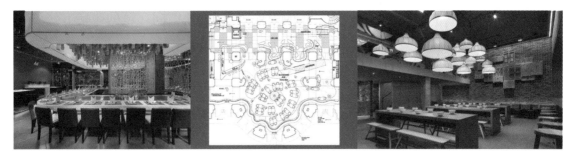

图 7-22　集中式示例

图7-23 组团式示例

图7-24 线式示例

组团式空间组合即将若干空间通过紧密连接，使它们之间互相联系，或以某空间为轴线，使几个空间建立紧密联系。在餐饮空间设计中，组团式也是较常用的空间组合形式，比较多见的是几个餐饮空间彼此紧密连接而成。这种组合形式没有明显的主次之分，映入眼帘的空间环境给人以平等、平和之感。需要注意的是，组团空间之间的衔接要自然流畅，切忌存在过于生硬的相邻关系。也可以沿着一条穿过的通道来组合几个餐饮空间，通道可以是直线状、折线状、环状等。另外，也可以将若干小的餐饮空间布置在一个大的餐饮空间周围，类似于集中式空间，但这种平面组合比较自由灵活。

线式空间组合大多是基于空间冗长的环境而形成的，大多出现在尽端的临窗位置，有直线、圆线或弧线形式。在餐饮空间环境中，我们常常称为"车厢座"的卡座区就是典型的线式组合形式，有对座或顺座排列，每个单元适于2~4人就餐。线式组合有重复性规整的特点，

也有一致性的呆板之意。故此，设计时要考虑通过高差变化、设置阻隔物等手段加以调整，营造出线式组合特有的情调。

当然，在空间设计布局时，必须要进行合理的布置。就餐区域以外，影响最大的当属环流出口、流动通道，以及为服务提供便利的设施设备，要考虑它们所占空间的面积与所在位置。这里同样要考虑儿童等特殊顾客人群的问题。

■ 7.2.4 餐饮空间环境的限定方法

空间环境限定方法实属空间刻画的技巧，我们所处的立体空间环境存在水平和垂直的空间趋向，也就是所谓的水平实体限定空间和垂直实体限定空间，或是介于二者之间的空间界定。可以说，它们包含了立体空间中绝大部分视觉感受和设计内容，是餐饮空间环境设计中最为主要的设计内容。

其一，水平实体限定空间（见图7-25）。

用以限定空间的水平方向实体，也就是划分出实体的空间区域来，依其所处的位置不同，大致有底面和顶面两种。

底面限定是指要用一个底面从周围地面中限定出一个空间来，这个底面必须在图形上与周边有明显的区别。这个底面图形的边界轮廓或图案越清晰，材料之感、颜色对比越明显，它所限定的空间范围就表达得越明确。人们一般以纹理划分交通和就餐空间，以材质划分空间。顶面限定是指限定空间的顶面，包括空间屋顶、楼板、吊顶、构架、织物软吊顶、光带等。用一个顶面限定出它与地面之间的空间范围，是空间限定划分最常见、最有效的方法。

其二，垂直实体限定空间（见图7-26）。用以限定空间的垂直方向实体形式多样，常见的有墙体、柱体、隔断、构架、帷幕等，也包括家具、灯具、绿化等。主要有两种垂直实体：①垂直线性实体，由垂直线性实体限定的空间和周围空间的关系是流通的，视觉是连续的，人的行为亦不受阻隔。最简单的垂直线性实体包括独立柱体或多个线性实体围合空间等。②垂直面实体，垂直面实体对空间产生的围合感根据垂直面的个数或垂直面实体高度的不同，也会不同。在餐饮建筑室内设计中，既可以用单个垂直面来围合空间划分空间，也可以用一个垂直面来作为入口界面，从造型上加以对重点的设计处理，引导客人进入该餐厅或饮食店。

图 7-25 水平实体限定空间

图 7-26 垂直实体限定空间

其三，介于二者之间的空间限定。它被称为空间组织形式的"抑扬法"，它将底面从周围地面中抬高或下沉，从视觉上将该范围分离出来，限定出空间范围领域，再加以形态上的变化，使其成为一个明显区别于其他的平台，从而增加空间的层次感。与底面一样，也可以将顶面抬高或下降，造成不同的空间尺度。示例如图 7-27 所示。

图 7-27 "抑扬法"限定空间

7.3 餐饮空间环境的尺度要求与设施布置

餐饮空间环境的各种尺度要求和空间设施必须依据餐饮服务的特性来确定，不能千篇一律地照搬，不可盲目地行事。

7.3.1 餐饮空间环境尺度要求

餐饮空间环境的尺度要求以就餐区和人流动线为最重要，包括区域面积、座位间和区域间的一些要求，相对独立区域与周边通道环境之间的尺度等。

（1）就餐区域。就餐空间最佳尺度的设定包括餐厅内所使用的家具形式与尺度，都会与餐厅的使用性质有关，我们大致会分为宴会厅型、一般餐厅型、快餐型、小吃型，以及酒吧型等。一般餐厅的餐桌桌面与座位面的高差控制在约 300mm 为宜。就餐区与动线的尺度要求如图 7-28 与图 7-29 所示。

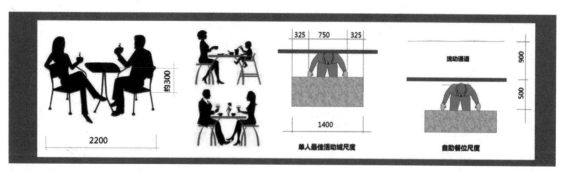

图 7-28 就餐区与动线的尺度要求 1（单位：mm）

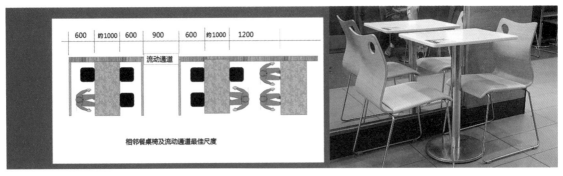

图 7-29 就餐区与动线的尺度要求 2（单位：mm）

（2）常见餐桌布置形式和尺寸与使用功能空间的比值。设计时必须考虑环流通道必需的净空，避免顾客与服务员之间的冲突。餐厅的布置及尺度应将其中的比例关系调整到最佳，

美国制定的易受影响性标准要求餐馆座位区的 5% 作为通道。按照合理尺度数据核算，一个 $66m^2$ 空间，设置约 26 个座位是非常合适的（见图 7-30）。

图 7-30 就餐区布局实例（单位：mm）

在空间组织设计中，我们还要注意对其他尺度的掌控。首先，餐饮空间若具有快餐性质，一般只需提供较小的桌面和椅子，尺寸能满足服务需要即可。反之，鼓励顾客尽情消费、举行隆重酒宴性质的餐饮空间，就要提供较大尺

度、相对舒适的就餐家具，就餐区域也要更大一些。其次，区域一般被分为两个部分，一是就餐区域（包括服务区），二是操作间区域（见图 7-31）它们之间的正常比值应为 3:2，甚至达到 4:3。

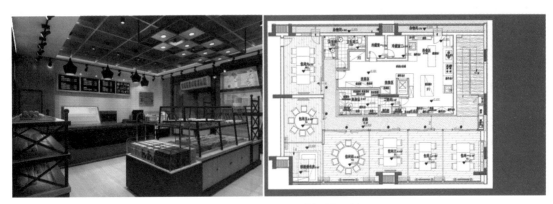

图 7-31 不可忽略的操作间空间环境

相对综合性比较完整的餐饮空间环境，还应合理地设置服务人员休息区、顾客休息区及卫生间等设施，特别应设立独立的空间区域，供服务人员就餐。

■ 7.3.2 餐饮空间环境家具设施布置

餐饮空间环境的座席布置是就餐环境的重要指标。设计时要考虑规律性、可识别性与舒适性，还要留出必要的特色交通空间。

餐饮空间环境中的主体家具是餐桌和餐椅，其款式与布局形式决定着餐饮空间环境的风格形式和定位，变化也是很大的（见图7-32）。除了我们谈到的尺度问题以外，还要注意舒适度和款式问题。所谓舒适度，就是考虑长时间就座的体感和短时间就座的适用性，前面有所提及，依据服务性质予以配置。至于家具款式问题，就与更多的问题有关，除了与空间风格有直接关系外，还与周边环境关联（如墙体或隔断的材质、颜色的吻合），与菜系特色有关联（有些菜系需要特定的餐具，会影响餐桌、餐椅的款式）等。

图7-32 多样的餐桌椅款式与布局形式

此外，餐饮空间环境的餐桌、餐椅布置形式要依据服务功能而定，以人数多少来布置最为合理，一般情况下按照双数的2人、4人、6人、8人使用来布置，还可按照10人以上的大直径餐桌布置。快餐、吧台、自助性质的空间环境也应以单人就餐方式布置，形式上分为岛屿式、顺墙式（见图7-33）、排列式的几种布置。

图7-33 顺墙式布置餐桌、餐椅实例（单位：mm）

通常情况下，厨房设备要根据功能性质的要求进行配置。设计师对操作间最基本的空间布局要求应该有所了解，例如，应了解中式菜系的操作间灶台位置、排烟系统、下水排污系统、强电系统等。特别重要的就是"冷荤间"必须与操作间的生食隔离，有单独的空间区域，达到基本的食品卫生标准。这些问题在设计时都是要认真对待的空间布局要点。

7.4 专题性餐饮空间环境设计

餐饮空间环境作为人们日常生活相对重要的公共空间环境，在社会生活中有着丰富多彩的业态，其功能作用不仅要服务各色美味的使用需求，同时有着丰富文化生活的作用，特别是一些主题性餐饮空间环境，深受人们青睐。

■ 7.4.1 主题性餐饮空间环境设计

如果采用空间主题性概念的手法进行餐饮空间环境设计，相信一定会达到理想的"主题性"效果。例如，地域特色的挖掘、自然主题的挖掘、科技展现的挖掘等，以及生活事物中可提取的素材挖掘，都会有较好效果。

其一，餐饮空间环境挖掘地域特色的设计要点。在餐饮空间环境设计中，以民族、民俗的不同文化特征、社会意识形态特征和审美取向为挖掘对象，突出体现明确的地域特征，将地区特有的风土人情、自然风光、建筑特色作为餐饮空间设计的要点，通过一系列特色鲜明、散发浓郁地方艺术特点的素材来装饰烘托餐饮空间环境的气氛。

例如，一些表现中国众多地方民族特色的餐饮空间都带有明显的地域特色，"竹"空间、"木"空间、"蝉"空间等，更是在民族文化性方面的强调。示例如图 7-34 所示。

图 7-34 地域特色主题的餐饮空间环境（外婆人家）

其二，餐饮空间环境挖掘自然主题的设计要点。我们知道，人们崇尚大自然环境中的空气、净水、天空、海洋和一花一木，这些对艺术设计创作无疑是很好的素材，刺激设计师无限的创作灵感。就其设计要点，首先，人们的感情意义在于大自然是人类生命的栖息地，由此造就出人与自然相依共存的优美的生命篇章。其次，不可因强调所谓的文化性而忽略大自然的存在，文化性的形成与大自然息息相关。示例如图 7-35 所示。

图 7-35 自然主题（海洋主题）的餐饮空间环境

其三，餐饮空间环境挖掘科技展现的设计要点。现在一些餐饮空间为了追求餐厅环境和用餐过程的新奇感，运用了一些高科技的设计手法，如在材料上采用金属质感很浓的铝材、槽钢的螺丝、拉丝不锈钢、大面积钢化玻璃隔断，或者用原始的结构不加任何修饰，只用涂料喷涂做色调上的强烈对比。这些处理手法都会让顾客在用餐环境中感受到现代都市的韵律和节奏。示例如图7-36所示。

图7-36 科技展现主题的餐饮空间环境（英国 Inamo 餐厅）

其四，餐饮空间环境挖掘其他主题素材的设计要点。除挖掘地域特色、自然主题、科技展现以外，还可抽象出创意主题，即从生活事物中可提取的素材中挖掘。这些素材包括生活中那些具象的物品和事件，曾经的记忆碎片，时代的语言展现、物品展现、环境意向展现等，如直接的材料主题、色彩主题等方式的设计格式。示例如图7-37所示。

图7-37 事物性主题餐饮空间环境（HELLO KITTY 儿童主题餐厅）

■ 7.4.2　咖啡店性质的空间环境设计

伴随着消费观念的更新，餐饮行业得到了迅速的发展。中国餐饮消费日益呈现出新的趋势，其中之一是商务型消费增加，即经济的发展促使商务活动增加，商务应酬活动推动了高档次餐饮的迅速发展，包括咖啡店性质的空间环境使用需求的逐步扩大。

1. 基本概念

我们常常以功能和使用者的行为作为依据，对咖啡店性质的空间环境进行判断。例如由商务性、休闲性至娱乐性的递进，空间环境表现依次为餐饮风格咖啡店、酒吧风格咖啡店、酒吧、舞厅性质酒吧、舞厅等，而咖啡店具有餐饮空间环境的功能性质。为了表达咖啡店的空间形象，应根据咖啡店的各种风情理解不同的空间环境。由于家具陈设和消费者行为之间的距离不同，餐饮风格的咖啡店和酒吧风格的咖啡店在空间形象方面迥异。咖啡店风格的不同造成了其空间结构方面的不同，但是其产生过程是相同的。

2. 空间环境布置的特征

就空间布置来说，咖啡店大致有两种情况：①餐饮风格的咖啡店。其空间布置形态具有明显的餐饮特征，除私密性包间外，其余的开敞座席区域也是相对独立的，保持一定的区域界线和私用性，空间氛围在和谐幽静中显现着优雅，加之菜品、饮品的独特，其亲切感使其成为一些商务性会见和交往的极佳去处，如"上岛"（见图7-38）和"外滩风尚"的空间类型。②酒吧风格的咖啡店。酒吧风格的咖啡店有休闲性和娱乐性的倾向，有明确的吧台区域与动态交互的空间布置，座席区域的摆放形式常采用组团式，更加随意自如一些，少了一些相对规整的摆放形式，甚至有乐曲演出功能区域，空间氛围轻松、活泼、欢快。

图 7-38 各地的上岛咖啡店

3. 空间环境设计计划

要依据功能性质、资金投入，以及客户的要求和特征，通过设计方向和受限制的元素，进行综合分析和制订初步的设计计划，来决定设计概念，从而建立空间形象。咖啡店是销售咖啡的场所，所以总体设计概念的出发点应是将空间利用最大化，即咖啡店的空间设计应满足顾客和用户的功能与美学要求。

4. 空间环境设计要点

设计咖啡店空间环境时，要重点考虑空间环境影响使用者心理的因素。一是座席的陈设形式与风格特点，包括窗前部位的空间朝向视野，以及独立使用墙、角落等近端部位所产生的安全性和舒适性感觉。二是用隔墙隔开的空间景象，以获得空间的独立和私密性感受。三是包括主入口、服务台和中央的桌子部位等人流密集区域的空间确定，也是影响人们心理的重要因素。四是空间色彩和照明对人们心理产生的重要影响，一般来说，咖啡店整体照明的照度不应过高，而各个座席区应有相对较高照度的局部照明，通过提高区域界线来产生空间情调和韵味。示例如图7-39所示。

图 7-39 咖啡店空间设计示例

下面简单介绍酒吧区域的布局与要点。由于酒吧空间中，座位容量和酒吧区环流活动带的变化很大，相应的布置形式有很多。示例如图7-40与图7-41所示。设计时应主要考虑座位尺度、间距和环流带的相互关系。尺度把握方面，一是酒吧与后酒吧之间的距离应有适当的工作空间。二是注意左右座位的间距。此外，要特别注意灯光照明的设计，协调好整体照明与局部照明的关系。

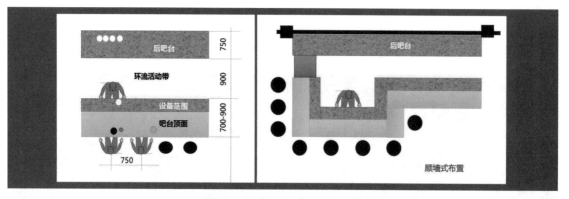

图7-40 酒吧区布局（单位：mm）

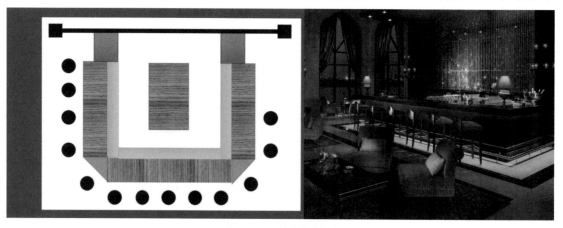

图7-41 吧台设计实例

总体来说，咖啡店性质的餐饮空间环境具备商务、餐饮、休闲等多重功能，必然有其独到的空间意境。

7.5 餐饮空间环境设计赏析

图7-42~图7-49所示为极佳的餐饮空间环境设计。

图 7-42 标准型餐饮空间

图 7-43 日本"海贼王"主题餐饮空间

图 7-44 汽车主题餐饮空间

图 7-45 酒店餐饮空间

图7-46　丽思卡尔顿酒店餐饮空间

图7-47　上海星巴克

图7-48　"弄堂里"餐饮空间

图7-49　餐饮空间店面

第 8 章
其他类别公共空间环境设计

公共空间环境的功能性类别较多，有相对独立的形态特征，也有其功能性质交织的特点，设计中还需准确把握。就功能性作用来说，酒店空间环境、教育空间环境、娱乐空间环境等公共环境都具有明确的特征。

8.1 酒店空间环境设计

在公共环境中的酒店空间环境也算是较为庞大的公共空间环境，具有自身鲜明的功能特征，被称为第二住宅空间环境。酒店空间环境伴随着社会进步发生了很大的改变。本章中，我们会针对其衍生、发展和变化进行分析，从而为空间设计提供充分的依据。

■ 8.1.1 酒店公共空间环境形成的发展史况

作为第二住宅空间的酒店服务业，其真正意义上的形成经历了三个不同的阶段，就是原始形成阶段、前期成形阶段和中后期发展阶段。

其一，原始形成阶段。这一阶段应从1101年开始，延续到17世纪中叶前（1835年）的早期工业革命年代，历时七百多年，是世界酒店史最早的母体形成时期。12世纪，商人和银行家在欧洲开始大量出现，商业秩序和规模开始形成，以精明的"威尼斯商人"为代表的欧洲贸易开始流行，随之而来的是遍布全球的殖民主义的掠夺、宗教战争、独立战争、领土战争，人们在动荡的生活中对舒适和享受的需求是极其淡漠的。所以，这些长期处于"原始阶段"的客店，其单一的住宿经营方式和小规模、低标准的特征始终没有改变。示例如图8-1所示。

图 8-1 中世纪"原始"客店

其二，前期成形阶段。从欧洲工业革命时期开始，历经20世纪初期的第一次世界大战、全球经济大萧条和第二次世界大战，直到20世纪70年代的越南战争结束，是酒店发展史的婴儿期。众所周知，贝尔发明了电话，爱迪生发明了电灯，奥迪斯发明了电梯，这些科学技术的成果不可避免地促进了酒店行业的快速成熟和发展，应该说，世界酒店行业的"成形"是以工业进步和商业发达为基础的，并且以完全依赖交通运输业的发展为特征；而这种"成形"的历史足迹则始于古老的欧洲，发展在崇尚消费和享乐主义的美国。示例如图8-2与图8-3所示。

图 8-2　1903 年刚完工时的青岛海滨旅馆

图 8-3　青岛海滨旅馆室内

其三，中后期发展阶段。这是最重要也是最值得研究的阶段。第二次世界大战结束以后，联合国诞生，但世界各地的局部战争、经济危机等问题一直没有间断。此时的欧洲大陆和亚洲国家由于战争等因素的影响，处于百废待兴的状态，因此，酒店业的发展受到极大影响，发展极其缓慢，亚洲国家几乎处于停滞的状态。然而美国本土的文化产业和商业活动很发达，而且通过电影、饮料、餐馆连锁业、波音飞机传输给世界，酒店业也从城市扩展到海边，人们对酒店的需求也从商业旅行扩展到度假和娱乐。从 20 世纪 50 年代以后，美国本土的酒店产业和酒店文化就迎来了又一次快速发展的高潮，到 70 年代初期，全美国就已经有两万多家酒店、四千多家汽车旅馆和几十个酒店连锁品牌。波音 747 大型客机的投入使用，以及酒店业专业化、集团化体系的成熟和推动，极大地影响和带动了亚洲和靠石油暴富的中东国家，也影响了欧洲、澳洲和少数风景迷人的非洲国家。示例如图 8-4 所示。

图 8-4　美国的"汽车旅馆"

8.1.2 酒店公共空间环境形成的基础与设计特征

酒店公共空间环境的形成是有多方面基础的，就是所谓的因素。以下几个因素奠定了后来酒店业发展的雏形：一是驿站、客栈、客店发展为酒店，规模加大了，能接纳的客人数量增多了；二是单纯的住宿功能被接待台、餐厅、酒吧、舞厅、游泳池等新设施的综合服务功能所替代；三是酒店吸收了欧洲宫廷建筑和室内装潢的豪华元素，使客人不仅局限于住宿旅客，而且为达官显客、贵族、商人、艺术家等更多的对象提供了聚会、交际的场所。奢华的古典宫廷大厅被模仿于一些酒店的接待大堂或者舞厅之中。示例如图8-5与图8-6所示。四是欧洲传统的贵族礼仪被用于酒店的服务指导之中，服务人员的培训及他们所穿的服装开始系列化、专业化。五是逐渐成熟的酒店业主和投资人开始意识到酒店不仅是应时的场所，已经尝试把自己的酒店带进资本交易的乐园。

图8-6 人们聚集交际的酒店环境2

基于诱发酒店业成形和成长的基础因素，可以清晰地看到酒店公共空间环境的功能性服务要求，这也为空间环境设计提供了宝贵的一手资料信息，我们有必要就其特征进行分析。

（1）"成长阶段"的酒店最大的特征是世界范围的"酒店业"概念形成，不仅产生了不同类别、性质的酒店，并且出现以酒店为核心的一系列的服务行业。世界上著名的酒店管理品牌如"洲际""希尔顿""凯悦""香格里拉"等出现。示例如图8-7与图8-8所示。

图8-5 人们聚集交际的酒店环境1

图8-7 各地的"洲际"酒店

图 8-7 各地的"洲际"酒店（续）

图 8-9 酒店建筑成为一道靓丽的城市风景

（2）酒店业的产业化带动了行业设计的专业化与科学化，同时也诱发了这个独特领域里规划设计和建筑设计上的种种思想革命。规划师与建筑师既要让酒店准确地融入整个城市的生命系统和交通网络之中，也要让酒店建筑成为城市形象的标志，还要为城市或景区的环境保护和可持续发展做出表率。示例如图 8-9 所示。

图 8-8 香格里拉酒店

（3）在产业化、专业化和资本化的大背景下，形成了一种强大和清晰的"酒店文化"，这是酒店业在"成长阶段"的发展中另外一个非常重要的特征。酒店文化受到 20 世纪"后现代主义"思潮的深刻影响（见图 8-10），在空间环境质量、服务理念、消费心理和人性化标准，以及文化艺术品质等方面，为酒店提出了很多崭新的课题。

店等，第一批非常科学和专业化的知名酒店。这些早期的合资酒店历经几十年的运行自然已成为全球公认的优秀酒店样板。示例如图 8-11 与图 8-12 所示。

图 8-10 受"后现代主义"思潮影响的酒店文化

图 8-11 北京的建国饭店

8.1.3 中国酒店公共空间环境的发展简况

中国是世界文明古国之一，自古代客栈到如今都市酒店建筑林立，可以说酒店业的历史悠久。从现代发展的角度审视中国酒店业的发展，其实真正意义上的现代酒店业是从 20 世纪 80 年代初才刚刚开始的，我们的"成形阶段"和"成长阶段"几乎没有明确的界限，不仅很难分析出一个整体的循序渐进的发展过程，而且有足够的证据证明，这两个"阶段"在中国变成了两种"现象"，这也是中国酒店业发展的特征。

中国的酒店业在 1982 年以后的数年间曾经采用中外合资的办法建起了北京的建国饭店、丽都饭店、长城饭店，广州的白天鹅宾馆、花园饭店，上海的静安希尔顿饭店、波特曼大饭

图 8-12 上海、广州的知名酒店

进入 21 世纪以来，酒店业正在从"成长阶段"向"成熟阶段"过渡，这是一个长期而稳健的、百花齐放的深度发展期。在全世界和平与发展的主流格局不受到颠覆性破坏的前提下，国际化的旅游经济圈及其泛酒店业必将在更多的国家和地区迅速兴盛、发达并成熟起来。在这个阶段，无论从数量、质量还是速度上说，中国都将首当其冲，扮演无可争议的主角。

■ 8.1.4　酒店公共空间环境的类别

根据前述内容，我们可以得到结论：不同类型酒店在世界各地的出现和变迁主要有四

大诱因，即交通、经济、社会与文化、科技发展，而前两者是其中更重要的原因。这些诱因导致了酒店空间环境业态的多姿多彩和建筑形态的千变万化，形成不同类别的酒店公共空间环境。

1. 依据规模大小分类

（1）超大型酒店

有超过 2000 间客房，有大型赌场、剧场和会议中心，拉斯维加斯和澳门的威尼斯人大酒店都是 3030 间客房，标准客房有 60.8 ㎡。示例如图 8-13 所示。

图 8-13　超大型酒店（拉斯维加斯威尼斯人大酒店）

（2）大型酒店

有超过 1000 间客房，有大型会议中心，有

不少于客房数量 8% 的餐饮和酒吧数量，有商场和休闲设施。它包括会议会展中心酒店和大型度假村酒店。示例如图 8-14 所示。

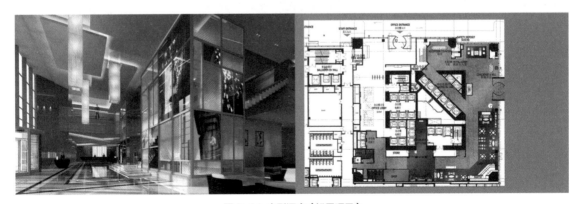

图 8-14　大型酒店（裕景项目）

（3）中大型酒店

有 500~1000 间客房，有不少于客房数量 8% 的餐饮和酒吧数量，有现代化的泳池和休闲娱乐配套设施，大多位于距机场 50km 以内的景区。它包括城市商务会议酒店、枢纽型机场商务酒店、商业文化中心酒店、海滨度假酒店等。

（4）中型、中小型和小型酒店

其首先以客房数量和标准界定，其次以服务设施方、服务对象和服务方向等界定。

2. 依据酒店服务性质分类

（1）城市豪华酒店

位于城市的心脏位置，是著名的老建筑；交通便利、商业发达，被名品店包围；有高标准和精致的服务水准；有历史故事和名人的足迹；有出自名师的华贵室内设计并拥有著名艺术家作品和大量古董藏品；有世界级的人际关系和强大的品牌声望。示例如图 8-15 所示。

图 8-15 各地的城市豪华酒店

图 8-16 城市商务酒店（中国大饭店）

（2）城市商务酒店

与城市豪华酒店截然不同：地段上要求交通便利，并非市中心；规模为大型至中型；有专门的商务楼层和足够的餐厅、酒吧、健身设施；具备良好的会议空间和相关的服务设施；风格和档次完全不受限制，依照市场评估和投资人的意愿；有功能性、舒适性、便捷性和时代感，重视文化艺术氛围。示例如图 8-16 所示。

（3）主题娱乐酒店

依据典故、传说、卡通素材甚至专门编创故事，选择有文化、地理特征的热点地域和城市背景，以此作为酒店的文化主题并从中挖掘创作素材、元素和艺术符号，合理地组织到酒店经营的形象之中。示例如图 8-17 所示。

图 8-17　国外主题娱乐酒店

（4）会展酒店

会议、展览和贸易性的博览会是现代大城市的重要商务活动之一，会展酒店就是为这种商务活动提供的酒店。由于规模大，会展酒店必须考虑与城市街道有足够的间距带，以缓解巨大的交通压力。示例如图 8-18 所示。

图 8-18　各地的会展酒店

（5）直意性酒店

度假村酒店、景区酒店、机场酒店，都带有明确的指向性，所以被称为直意性酒店。示例如图 8-19 所示。

图 8-19　机场酒店（直意性酒店空间）

（6）精品酒店

精品酒店是一种独特类型的酒店，功能定位被广泛认同，分为城市精品、度假胜地精品和历史文化精品。文化性表现：依据城市的历史、民俗、自然、艺术等文化定位，塑造个性品牌。艺术性表现：珍品陈设与酒店文化相关。其软硬件服务标准高，目标客源标准高，设计体现高贵特征，而非给人华贵之感。示例如图 8-20 所示。

图 8-20 精品酒店

除此之外，还有经济型酒店。所谓在欧美国家里流行的"客房"加"早餐"的模式，其规模小，服务内容相对单一，因此，选位多为商业发达的环境，遵循"内少外多"互利共存的原则。另外"赌场酒店"遍布世界各地，具有明确的经济等多方面因素，并以世界娱乐活动的方式出现。

■■ 8.1.5　酒店公共空间环境的设计

酒店空间环境舒适性设计是重要原则和宗旨，同时兼顾安全性要求。酒店的舒适性设计体现在身体、感官和心理三个方面：①身体的舒适是指人与环境或物体接触时的身体感受较好，即人在酒店里的一举一动都会感受到方便、省力、安全，甚至包括呼吸顺畅；②感官舒适取决于视觉、听觉、嗅觉等感受舒适，由视觉传达上的感应、噪声的隔离或掩灭处理等方面决定；③心理舒适体现在酒店营造出良好的人际关系，气氛营造过程体现了自然感知的尊重，而不是强迫性遵从所产生的漠视。

1. 酒店大堂设计

酒店大堂是来客被接待的第一个空间，可谓来客产生第一印象的地方。酒店设计师应是特定生活质量和现代交际环境的创造者，这就要求设计师不断积累大量的生活体验，懂得这类事情涉及的所有设计细节。对这一空间的设计，往往耗费设计师最多的精力。

（1）交通流程设计

交通出入包括客人步行出入口、残疾人出入口、行李出入口、团队会议独立出入口、通向酒店内外花园、街市、周边交通站点、周边商业点等的必要出入口。交通流程设计的要点：恰当设计通过店内客用电梯和客房区域的流程；保证从出入口和电梯间到前台的流程宽敞、无障碍；尽可能隐蔽供服务和管理人员使用的出入口，确保员工、送餐、货物、垃圾出运不与客流交叉或兼用；优化通向大堂的所有经营服务、展示区域的流程。示例如图 8-21 与图 8-22 所示。

图 8-21 酒店内部明确的交通流程出入口

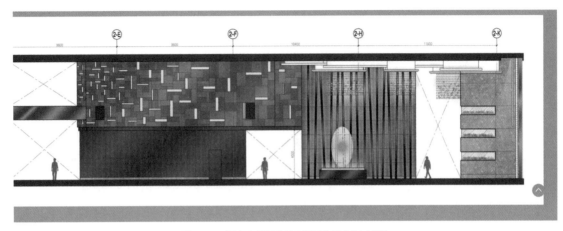

图 8-21　酒店内部明确的交通流程出入口（续）

图 8-22　大堂室内的交通区域（电梯间）

（2）接待服务区域设计

大堂的接待服务包含前台、礼宾、服务人员配置的软硬性服务关系内容。接待服务区域示例如图 8-23 与图 8-24 所示。

图 8-23　大堂接待服务区域

图 8-24 商务等候综合服务区域

① 前台区域。这是大堂活动的主要焦点，一切相关服务的中心点。设计要点：平均50~80间客房设置一台可供信息记录的计算机；前台可设计为站立的柜式和坐姿的桌台式，且服务台两侧不宜封闭，便于提供服务；站式前台的长度约为 1.8m；供客人书写的前台高度为1.0~1.1m，供人员书写的高度为 0.9m，并确定合理的设备摆放高度；前台办公室设在前台附近。前台的基本类型有风格型和功能型，风格型表现为对前台整体设计特色和形式美感的追求，不搞主题，不追求宏大，这种类型完全具备实用功能。功能型的设计手法简洁，材料运用大方，有少量的装饰，适用于中低星级酒店。

② 礼宾服务区域。礼宾服务可紧邻前台，也可独立存在，但一定设计在酒店大门和客用电梯间之间；礼宾台更应临近行李间和存放行李车附近，本身面积不必过大。另外，大堂经理服务区域分为座式和移动式两种，座式服务区域宜设在可以看到大门的位置，移动式服务区域应为大堂经理准备一间办公室，以便处理事务。

③ 大堂休息区域。它是一个必不可少的功能区域，起到疏导、调节大堂人流和点缀大堂情调的作用，通常与大堂的主流程分开，也可部分分开，占大堂面积的85%；休息区本身提供免费服务，但多为靠近商业经营区域，会起到引导消费的作用；休息区的艺术性设计处理会有观赏价值，使客人产生良好的印象。其他功能区域还有面对团体接待的"销售办公"、安静位置的磁卡电话、隐蔽的公共卫生间等，都应合理地设置。

（3）经营性质的区域设计

大堂是商业经营的理想位置，经营内容和体量依据酒店的特色和规模确定，包括酒吧、银行、报刊、精品和礼品店、商务中心、订票及邮政服务等区域。应把它们与大堂主流程分开。大堂是广告的媒介场所，要求落地式广告用品或摆放式广告用品的体量不宜过大，以精致为准并配以相应的照明设施。大堂服务面积与客房数量比见表8-1。200间客房的城市商务酒店各服务区域的面积见表8-2。

表 8-1 大堂服务面积与客房数量比

序号	酒店类型	大堂面积（㎡ / 客房）
1	经济型、汽车旅馆型	0.8~0.9
2	城市商务型	1.1~1.2
3	会议型、娱乐型、商业中心型	1.3~1.4

表 8-2 200 间客房的城市商务酒店各服务区域的面积

分区名称	面积（㎡）	说明
前台区	16~20	长度为 7.5~11m
流程区	100~110	入口区为 12~14 ㎡，电梯间为 15~20 ㎡
酒吧区	50~100	20~40 个座位
商品区	20~30	搁架与柜台
卫生间和储藏间	40~50	包括残疾人设施
礼宾房、行李房	20~30	

2. 酒店卫生间设计

酒店卫生间分为公共卫生间、客房卫生间、员工卫生间三种类型。

公共卫生间多在大堂区域内，要求相对隐蔽（见图 8-25），卫生间入口不要面对公共区，公共区域的餐厅、酒吧、休闲空间都应设置卫生间。应按照酒店整体的风格、规模、档次装饰公共卫生间。

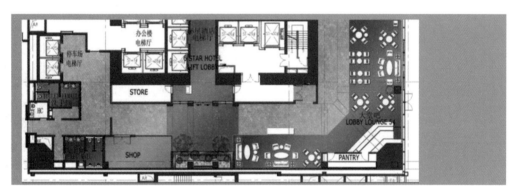

图 8-25 大堂卫生间的隐蔽性要求

客房卫生间除应有的功能要求外，还要尽可能在布局上有所创新，设计时要考虑成本的造价问题。

3. 酒店客房设计

（1）客房空间设计

酒店客房可以是环境中的主体区域，设计时应遵循功能性和风格性两个方面。①功能性设计。酒店客房的基本功能包括就寝、休闲、办公、通信、化妆、会客、私晤、闲饮等。室内空间环境设计的空间布局、家具选用及相关设备就可提供这些服务功能。②风格性设计。风格性较好的客房会使客人产生兴奋和惊喜，留下美好印象。所谓风格，依照酒店总体的格调方向组织实施，"第一视点"的位置很重要。推门入房很可能就是床头和床屏的位置，这是很多设计师最为留意的地方，其次是家具、织物、灯具说明。风格表达要有主次关系，切忌杂乱无章。示例如图 8-26 与图 8-27 所示。

图 8-26 酒店客房类型示例

图 8-26 酒店客房类型示例（续）

图 8-27 客房用品与陈设

（2）客房照明设计

客房的照明设计应考虑客人对环境不熟悉的情况，最简便的方法就是将室内照明控制安排在开门入口位置，同时床头柜位置也要相应安排开关控制，共同控制的光源应采取"双控"装置，而这种装置在酒店客房空间环境中是最为常见的设计要求。

此外，室内照明一定要按照客房功能要求进行安排：①床头灯。它多为床头位置放置壁灯或配置台灯，配以灯罩与局部开关。②入口廊灯。应设置在入口过道部位，供入口处和壁柜的照明，开关设置在入口处。③中心灯，一般客房空间环境不设室内大型主灯具，作为空间中的一般照明，也可用台灯或落地灯代替，开关采取入口和床头的双开使用。其他灯具类型有妆台灯、镜前灯、卫生间灯、小夜灯。示例如图 8-28 所示。

图 8-28 客房灯具类型

不论如何，"人性化"设计就是依照人活动的习惯要求，尽量完善每一个细节。

8.2 教育空间环境设计

我们每个人都非常熟悉教育空间环境，它是深受人们关注的公共区域，也是源于教育空间肩负着人生培育的关键场所。这里所指的教育空间环境，主要就是所谓的学校教育空间环境，包含从低幼发展培育到大学教育范围内各种层次、各个类型的空间环境。

8.2.1 低幼发展培育教育空间环境的设计要求

局限于年龄和自理能力，低幼空间环境与其他具备自理能力人群的活动空间环境有很多方面的不同，如何将平面活动转化为更多的立体化体验布局？延续的就是低幼的家具、照明、色彩等一系列专业设计问题。

1. 现代"早教"理念的空间环境设计的概念

有关婴幼儿早期教育的理念告诉我们，早教空间环境的组织设计只有依照教学内容、方法和形式来科学地进行，才能确保教育方案的实施，否则是毫无意义的。美国和日本的幼教中，"体验性""自助性""互动性""亲自性"的亲临动态"游戏"式教育模式，让这里的空间环境设计形式初见端倪（见图 8-29）。

儿童游戏是人类文化中最具创造力的体验之一，它催生了新的语言及育儿歌，虚构想象的事物，有朋友、有敌人，还有整个幻想的奇妙世界。孩子们探索环境所展现出的想象力和创造力是不可估量的。游戏空间的一个关键要素是孩子们的参与度。设计项目时应意识到孩子们日益高涨的热情，积极为他们创造个人游戏空间。在规划和设计过程中，儿童每天通过自己丰富的想象力进行再创造的能力是十分重要的，可移动的家具、儿童可活动的花园空间、交互的便利设施、攀爬区

域，有活力的音乐节奏、变化多样、五彩斑斓的灯光，以及千变万化的声音等都是必要的（见图 8-30）。

图 8-29 亲子活动体验环境

图 8-30 游戏空间环境的要求

2. 低幼空间的家具应用

目前，低幼家具已被越来越多的人重视，幼儿早期教育理念赋予低幼家具应用一种全新的责任观念，值得设计师思考。设计师不仅要思考低幼家具的安全性、时尚性与益智性要求，还要能够进行拓展性的应用（见图8-31）。

图 8-31 低幼空间环境的家具

首先是具体要求。从婴儿期开始至十二岁的每一个时期，都对低幼家具使用有着不同的要求，以舒适性、安全性、健康性为基础，强调空间合理、功能兼备等特点。为此，低幼家具不可与成人家具混用，这样在安全上得到了保障，同时，低幼家具为幼儿早期教育空间环境的家具应用提供了便利条件。另外，时尚性和益智性要求也很关键。①时尚性要求。时尚是一种意识存在，在处处显溢时尚的年代里，时尚对社会的发展举足轻重，幼儿追求时尚也是顺应社会发展的趋势。幼儿家具应时尚一些，给孩子们打造属于自己的时尚空间。②益智性要求。孩子可以通过益智儿童家具潜意识地锻炼思维、想象与动手能力，从而提高创新意识。现阶段，可拆装的幼儿家具逐步多了起来，它们对培养孩子的创新意识和动手能力大有益处。

其次是家具的应用。低幼家具拓展性应用在幼儿早期教育的空间环境里最为常见，就是说，可以利用使用者（成人和幼儿）和家具本身的转换来体现家具功能的拓展性，这对比例大小的有趣生动的运用是十分重要的，幼儿视觉的物象远远大于成人所感受到的体量，因发生不同的差异感受而产生婴儿自己感受的认识。例如，合适成年人尺寸、功能性强的桌子，对蹒跚学步的较小幼儿来说，就是游乐的秘密洞穴。

图 8-32 低幼家具的应用

日本东京的一个供幼儿和成年同时使用的公共休闲空间，如同《爱丽丝梦游仙境》一样，不同大小的人物和事物可以激发人强烈的好奇心。在这里，巨大的沙发完全可以成为婴儿的"攀岩馆"，硕大的窗户和微小的窗户形成鲜明对比，房间内同时放置尺寸极大和极小的家具，类似于空间畸变的嘉年华奇妙屋（见图 8-32）。

　　家具的组合拓展变化也是幼儿早教空间环境的科学利用手段，会增加幼儿探究的好奇心理。同样，适当依据功能做一些家具形体的变化，既能发挥家具原本的作用，又能获得其他效果。

例如，德国的一家幼儿教育中心，其室内装饰就是采用这种家具布置手法，从而起到了分隔空间环境的作用，同时，孩子们还可开展攀爬的游戏活动，在其中非常快乐。示例如图 8-33 所示。

图 8-33　丰富有趣的室内隔断

3. 室内环境色彩因素对婴幼儿发展的影响

　　婴幼儿对环境色彩有一定程度的辨别能力和趋向性，这是一个很重要的信息，他们更多体现的是单纯的好奇，因此对幼儿早期教育空间环境的色调构成提出使用方面的要求。科学研究表明，幼儿的色彩识别力不仅出现得很早，而且很清晰。

　　人们从两个方面研究室内环境色彩因素对婴幼儿发展的影响。一方面是按照成长阶段分析。人们一般认为新生儿是看不清彩色的，儿童从 3~4 个月起能分辨彩色和非彩色。从 4 个

月之后，婴儿的视觉神经会对彩色的东西非常敏感，进入视觉的色彩期。此时婴儿对色的认知是从饱和度最高的红、黄、蓝三原色开始的，它们易于辨认。另一方面是色彩趋向的分析。婴儿最喜欢波长较长的温暖色如红色、橙色、黄色，不喜欢波长较短的冷色如蓝紫色等；喜欢明亮的颜色，不喜欢暗淡的颜色，尤其红色能引起他们的兴奋。婴儿过了一岁开始对认知充满兴趣，逐渐开始想要了解某件物品的颜色，也会通过对颜色的不同感知程度，选择自己的喜好。其中色彩带给婴儿生理和心理方面的作用也不同（见图 8-34）。

图 8-34　色彩会对婴幼儿产生影响

图 8-35 日本家庭"游乐场"环境中的色彩处理

在婴幼儿早期教育的空间环境设计时，设计师还要考虑的一个问题，就是每个房间的鲜艳的色彩、独特的材料和光线的方向都要经过很仔细的设计，同时要求色调设计与每个房间计划的活动相一致。例如，日本"家庭游乐场"充分体现了色彩、形状与房间计划活动的一致性。游乐场的入口是白墙上的一个切口，就像孩子们画上的房屋一样。开口后面的世界是一个五彩的世界，有黄色、粉红色、绿色和蓝色等不同色调的房屋。这个世界就像为游客设置的微型小镇，有家一般的感觉。这个游乐场的布局不会让游客看到全景，因为五彩的房屋划分了空间，让人们产生好奇而进入其中观赏如图 8-35 所示。

4. 空间环境中设计与图形识别引导

出生 10~12 个月的婴儿已具备一定的图形分别能力，能认识一些简单的图形，如圆形、方形、三角形等（见图 8-36）。对这些图形，孩子早就看出了它们的不同，但不能认识它们，而幼儿最常见的图形一般就是一些几何图形和动物图形。研究表明，到了三岁的幼儿，已经

图 8-36 婴幼儿可在一定程度上认知图形

能够正确找出相同的几何图形。在辨别不同图形的活动中，幼儿最先掌握的是圆形，其次是正方形、长方形、三角形等。幼儿对大小的认知也较早就表现出来，半岁前的幼儿已经具备辨别大小的初步能力。

因此，在婴幼儿早期教育过程中，要恰当采取幼教手段的空间环境设计和空间环境的引导性设计。

（1）用积木培训幼儿认识图形的空间场地。一岁左右的幼儿在进行认识图形的训练时，积木是非常好的教具。老师或家长可以让孩子在预先准备的几种形状的积木或纸板中找出不同形状的积木。这个活动的场地空间环境设计是必不可少的，一般采取"亲子"围坐形式的活动空间，或幼儿与家具对坐形式的场地空间。

（2）用镶嵌及镂空的玩具教宝宝认识图形的空间环境。同时，在空间环境设计中，更多地出现镂空图形，也会起到引导性的作用，空间环境会帮助幼儿由简单到复杂、循序渐进地认知不同的图形。例如，法国的某育儿中心的建筑比邻一个儿童疗养院，两者之间以花园和栗子树连接。该育儿中心空间环境设计的特色就是"图形"装饰。建筑室内和建筑外部围体上出现许多与积木、玩具造型类似的形状结构，它们都运用在隔墙、顶棚、窗洞或门洞的位置，使空间增添了不少图形情趣（见图 8-37）。

图 8-37　强化图形符号的环境设计

（3）进行具有标识意义的空间环境设计（见图 8-38）。尽管存在幼儿辨别能力不足的问题，但对于婴幼儿早期教育的空间环境，必要的标识系统同样是必需的设计内容。对于成人来说，它具有直接的功能意义，而对于幼儿来讲，标识系统的存在对于图形识别起到潜移默化的引导和重复认知的作用，这些设计会对幼儿成长产生积极的影响。

图 8-38　具有标识意义的空间环境设计

5. 低幼空间环境的安全性要求

针对幼儿自我智力和自我行为能力的状况，国内外对于婴幼儿早期教育空间环境的安全性要求是一致的，从建筑坐落的位置选择、室内空间环境设计等宏观概念，到家具使用要求、玩具读物等微观应用，以及软性的培育方案、教法等，都要体现安全性的原则。

安全性对幼儿活动空间环境是必不可少的要求。首先，低幼空间环境的入口方向要谨慎定位，要远离交通密集的街道，并且要求建筑尽量远离噪声和汽车尾气排放污染区域，以避免恶劣环境对幼儿成长的不良影响。其次，低幼空间环境所使用的装饰材料、家具和物品都要求达到环保的高级别，避免或最大限度减少对幼儿的身心侵害，所以应优先考虑环保材料和儿童安全材料（见图 8-39）。

图 8-39　安全性的空间环境要求

社会舒适度、流动性和儿童参与度是教育设施的重要设计因素。舒适度是人性化设计的体现，如室内草坪经常被用来作为年龄更小的儿童活动的缓冲地板。建筑空间结构的组织应考虑到不同年龄段的人在一天中不同时间的分离和互动的需要，以及孩子们在玩耍时独立决定、独自活动或与他人互动的能力的重要性。

总而言之，在幼儿活动空间环境里，孩子们有了与教育、娱乐、社会化世界接触的第一次经历。他们会在设计严谨精妙的空间环境里交朋友，学习数数、背字母表，学习运动，探索和创造自己的奇妙世界（见图8-40）。设计专业人士完全能够重塑建筑理念，以创造出无与伦比、水准卓越、具有创新精神的空间。

图8-40 全新教育理念形成明确的设计要求

8.2.2　青少年教育空间环境的设计理念

经过学前的低幼早期发展培育阶段之后，儿童自然会步入小学、初中等教育环境，这是成长最为关键的基础教育阶段，教育空间环境会对这一阶段产生巨大的影响。设计师对此必须有充分的认识。

1. 学校教育空间环境基本概念的新认识

目前，我国依然实行小学六年、初中三年的九年义务教育体制，六岁儿童就可以步入学校教育的空间环境，由此开始成长的历程。

现代教育环境由建筑室内区域和室外活动两大空间体系构成。室内区域体系中的主体空间就是各个类型教学用途的教室空间，以及实验室、图书阅览室、大小会议空间、办公空间、生活服务空间。一些专业性教育空间还会依据专业需求设置相应的画室空间、展览空间、演出空间等，这些设施是教育空间基本的空间轮廓，如图8-41与图8-42所示。当然，在实际操作应用中，我们会依据年龄层次、教育方向和其他综合因素进行设置，以及采用不同的空间形式。室外活动空间体系的主体功能当然是运动区域空间，包括各类运动场地设施、休憩空间及内部交通线路等。然而，时代的发展与进步提醒我们，对于教育空间环境的未来趋势，设计师要有重新认识的准备。

图8-41 会议、展馆功能空间环境

图 8-42 集聚、实验功能空间环境

首先，教室空间环境承载着重要的教与学环节。现阶段，原本的教育空间环境的形式伴随着信息化的推进，带动了包括图书阅览空间环境在内的变化，学生知识积累的途径和方式越发宽泛，也是未来发展的一种趋势。因此对于现代教育空间的设计，必须有足够而清醒的认识。

其次，独立学习能力、信息应用能力和社会生存能力等方面的培养将是未来学校教育面临的课题。建立高效能的学校空间环境必将，对教室空间环境提出新的要求。同时，学校教育空间环境，将更重视优质生活场域空间环境。示例如图 8-43 所示。

最后，设计学校教育空间环境时，要遵循有利于环保的全球理念，减少能源消耗和利用，更多地采集大自然中的光、风和雨水，合理利用，体现空间环境的生态性。在此基础上，将学校教育空间设计看作街区建设的重要部分，这不仅是形态表象上的考虑，更深层的意义在于，学校教育空间环境的建设需要社会广泛的关注度和参与度，以此考量所在地的综合品质。

图 8-43 现代化的教学空间环境

2. 教室与学习活动空间环境特征简析

毋庸置疑，教室功能是教授与学习的场所，一直以来都采用封闭型的空间形式。传统意义的空间要求包括授课空间、一般学习空间、作业活动空间，以虚拟界线划定出教师角和学生活动角。所谓的授课空间也是依据规定和教室授课方式、习惯来布局。

从设备与环境要求来讲，现代的教室空间环境并没有改变某些相对传统的教学方式，如教师的板书设备，桌椅的基本摆放，以及逐步完善和普及的投影设备。另外，教室环境还有空间质量的要求，要确保通风、光照和温度的标准。例如光照强烈的空间，设计时要考虑遮阳方式，在体面外侧做外廊，既能遮阳又保证通风不受影响，或者用伸缩的遮阳罩等简单的解决方式（见图 8-44）。

图 8-44 教育空间室内采光保障与措施

　　未来的教室空间环境应向开放性方式发展，教室空间环境要体现出多种功能的使用要求。可以将空间围体变成可移动的方式，方便空间要求的转换，这样容易增进班级间和年级间的交互活动，减少学生上课时的封闭感，使教学场所蕴含生活情调。

　　此外，开放性的"特别教室"空间环境对小学教育非常重要。我国低年级的小学教育有着很好的传统，小学都有培养学生技能的各类

"兴趣小组"，音乐、美术、体育、科技等，以往都是在本学校完成，继而又有校外各级的青少年宫的交流深化。这些活动打破年级、班级界限，具有开放性的意义，只是以前对活动空间环境的要求不高。而如今我们的教育空间都具备很好的条件来开展这类活动，大大小小的工作面区域、多种桌椅布局方式，良好的空间环境构成了学习氛围，使单纯的空间转换为功能性场所（见图 8-45 与图 8-46）。

图 8-45 开敞性环境的要求

图 8-46 开敞性环境的趋势

3. 学校图书馆空间环境特征简析

图书馆在学校教育空间环境中应是很重要的学习场所，可被为第二课堂空间环境，目前在中小学中似乎并看不到其重要的位置，这是需要我们注意的现象。学校图书馆空间环境是读书中心，也是传媒中心，可以借助图书、视听系统、数字系统、互联网等媒介拓展开发，提高综合能力。可以说，它是不可或缺的教育空间，如图8-47所示。

图 8-47 学校图书馆空间环境

就其重要地位来说，图书馆应坐落在学校显著位置，建筑的围体应尽可能地展现通透效果，使内部情形更多地展现在外部的视线之中，起到吸引、感受学习兴趣之目的。图书馆应具备信息化设备、充足的图书源、便利的选书过程和宁静的阅读空间。图书馆的空间环境组织应依据小学生、中学生、大学生的年龄结构来进行准确的定位设计。阅览空间布局要依次由"共享性"到"独享性"过渡。就是说低年级的阅读空间采用大桌面、多人围合阅览，随年龄增长逐步减小共享阅读的空间布置。内空间中可以垂直分割出错落有致的高差变化，形成相对"独享性"的空间区域，使阅读空间更加安静而稳定，这才是最理想的学习环境，达到了共享与独享并存的空间形态。

4. 校务中心空间环境趋势特征简析

教学管理的职能性在于教学管理、学生管理及其他事务管理。教学管理大多以学科组或年级组分配办公房间，方便教学上的课程配置、教材协商，以及相关的编制等重要环节。一般情况下，办公室都以封闭性的空间形式出现。

也有些新型的学校办公管理空间形态值得借鉴与研究。如开放性的办公性质的空间环境，在一个面积较大的空间环境中，设置相应的管理办公角区域，每个办公角间相视交融，便于相互间的信息交流（见图8-48）。空间中还要设置洽谈区域、会议区域等，形成"校务管理中心"的空间形态，最好环抱于多媒体教室、报告厅等集中性空间环境之中，便于媒体设备信息化介入教学管理。

一个空间通透的校务管理中心便于学生了解中心的内部状况，清楚要找的教师所在的工作位置，减少学生心理的茫然与隔离感，对教学管理大有益处。体量较大的学校教育空间环境，可按照学校内相对独立的教学单位，分散设置相应的校务管理中心。

图 8-48 校务中心空间环境

就教育空间环境设计的问题，还有更多方面的要求，如音体美艺类专业性突出的学校空间环境，一定要依据本身的特点进行空间组织。学校空间环境要依据学生的年龄状况采取对应的空间环境设置等。

总而言之，学校教育空间环境，与社会发展紧密相连、丝丝入扣，直接体现着生源状况、信息化时代、高科技未来的种种变化，对教育空间环境的布局、空间组织、功能履行都会有重要影响。

■■ 8.2.3 大学校园公共空间环境的设计规划

大学教育空间环境必然会有清纯、朝气中蕴含着一种成熟的美感，一个大学校园并非一朝一夕就可以建成，它的建造是百年大计，其场所精神的营造更要经过岁月的沉淀。校园公共空间环境设计将深刻影响校园发展，包括其场所精神的形成，学生个性化的发展等，因此对它的研究有着重要的意义。

1. 校园公共空间环境的规划设计

大学校园的规模大小不一，但不同于中小学那样的规模，因此其公共空间环境的规划要因地制宜、量体裁衣。归纳起来，大学校园主要有开敞式布局、集约式布局及综合式布局三种。

（1）开敞式布局

开敞式布局，一般适用于规模较大的学校校园空间环境，其形态较为自由，并不形成强烈的围合形态，多与地形良好结合，形成自然的空间关系。由于公共空间环境体量大，这种布局容易使建筑缺乏对空间领域的控制，难以形成明确的空间界域，即所谓的界域围合与空间限定，导致空间尺度不适的可能性较大。因此，在布局设计时，应注意对空间节奏的控制，可利用水系、交通流线、地面落差、阻隔物、绿化、铺装及小品等，以多种手段强化界域围合感与空间限定的关系。示例如图8-49所示。

图8-49 开敞式布局（川美新校区）

（2）集约式布局

集约式布局一般适用于规模小而精致的学校校园空间环境规划。校园以建筑为主，强调空间的集约化利用，一般来说，外部公共空间环境占有比例较小。例如香港这个人多地少的城市，集约式布局的校园最为常见，也最为适用。

校园里，除了必需的体育活动场地、交通流线以外，校园就是建筑，建筑也就是校园。进入建筑也就是进入了校园，教学楼建筑及内部公共空间环境设计就越发重要起来。集约式布局能体现动人的空间艺术形象，具有精巧灵动的特征。示例如图8-50所示。

图 8-50 集约式布局（象山校区）

（3）综合式布局

综合式布局大多被应用于体量大的综合型全新校园的规划。近年来，国内许多城市都在优化集中大学校园，在城区外部兴建以大学城命名的新地块。由于新校区地域资源充足、地形变化较复杂，单一的布局形式显然不能通用于整个校园的建设，校园规划已不再是传统的

条件和规划要求，其校园发展模式力求近期紧凑、远期合理，预留足够扩建用地的新型规划理念，加之现在新建校园规模、学校功能组成构架和信息化要求等，都与以往有着较大的差别，因此有条件的校园规划还是可以采取综合式布局的。示例如图 8-51 所示。

图 8-51 综合式布局（信息科技大学方案）

很多新建校区在规划中以使用类型来进行建筑划分，如教学楼类、图书馆类、行政办公类、体育馆类等，形成以建筑为中心的多组团方式，每个组团又形成中心加辐射的格局。这种布局对空间资源的利用、学科的独立发展及师生之间的内部交流有很大的益处。多组团方式不仅可以大大提高空间环境的使用效率，而且中心结构可以形成多层次的公共交往空间环境，为学院与学院之间、学科与学科之间的交往提供合适的场所。

2. 自然形成的室外公共空间环境

校园里的室外公共空间环境与建筑和建筑群有着直接的关系，由建筑界面的围合与界面转折而自然形成。在完整的校园中，我们可以将自然形成的室外公共空间环境归纳为以下三种情况。

（1）建筑体自身围合形成的公共交往空间环境。建筑体自身内的庭院、天井和附属绿地等，一般来说尺度不大，舒适宜人，是师生课间休息、

活动和交流的主要室外场所。在这类空间环境中发生的交往活动往往是与专业相关的交流活动，除了环境相对安静的要求，还要考虑景观性与较长时间逗留所需的适用设施，如舒适的倚靠，创造出安宁的围合空间环境，方便交流活动的顺利进行。同时，此类公共空间环境对建筑内部也会起到透景的重要作用，是建筑设计理念所倡导的手法。示例如图 8-52 所示。

图 8-52　建筑体自身围合

（2）建筑群围合所形成的公共交往空间环境。校园中比较重要的、由多个建筑体围合而形成的中心广场或公共空间环境，与建筑群体形成呼应和串联的空间关系。形状规整、向心性强是这类户外场所的特征。在这样的区域空间中可以举行多种多样的活动，使用的人群类型也相对宽泛，使用要求有所提高，需要多种设施以适应多种要求。示例如图 8-53 所示。

图 8-53　建筑群围合

在这些大空间环境设计中，要注意以下几点。一是要注意空间内的区域细化和领域划分，明确哪些场所是动态活动区域，哪些场所是静态逗留区域，哪些场所是人流密集区域等，通过适宜的设计进行领域的划分。二是要注意加强校园的导向性设计，如室外空间环境要有明确的校园识别系统，这也是人性化设计的体现。三是要满足视觉美学设计要求，对空间形态、材质纹理、环境色调等方面多加考虑。室外环境不同时间变化的效果、不同天气变化的效果、不同季节变化的效果等，都会影响着人们对空间环境的感受。

（3）建筑体边缘及建筑体以外的室外交往公共空间环境。这是校园中开放性最强的公共区域，也是相对面积较为开阔的区域。空间环境中的自然山体、水系湖泊、植物绿地、运动场等均属此类空间环境。它们是校园中环境最优美、气候最宜人、可变性最大的区域，是学习以外的休憩、娱乐、运动等场所，人们喜欢在这些地方进行绿化栽培及维护，是最容易形成天然景致的最佳区域。与此同时，增加相关措施和提供充足的照明，以此做好安全防护也是必要的。示例如图 8-54 所示。

图 8-54　建筑与环境的围合

3. 公共区域空间环境设计要点

作为校园室外交往的公共空间环境，要体现出浓郁的文化性空间环境氛围，用艺术设计的手段创造充满活力、多彩生动、舒适宜人、自然可感知的校园室外交往空间环境。

（1）尺度关系要点

空间尺度处理是否恰当，应是公共空间环境设计成败的关键之一，没有人愿意在尺度不舒适的场所停留。它包括人与实体、空间的尺度关系，实体与实体的尺度关系，空间与实体的尺度关系等。尺度带给人的感受可简单归纳为三种状况，即内聚的压抑、恰当的舒适和离散的空旷。例如，空间尺度掌控按照水平距离与建筑高度的比值关系来测定（见图 8-55 与图 8-56）：当比值小于 1 时，其感受就是内聚的压抑；当比值大于 3 时，其感受就是离散的空旷；当比值 1~3 时，其感受就是恰当的舒适。

图 8-55　空间尺度比值的压抑与舒适感

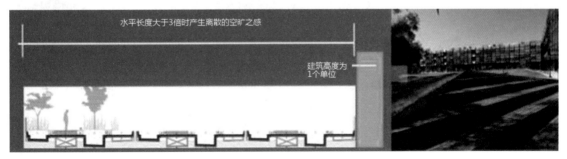

图 8-56　空间尺度比值的离散感

早在 20 世纪 70 年代，建筑家芦原义信先生就在《外部空间设计》中，对户外空间尺度有详细的论述，他提出设计模数问题，"每二十至二十五米，或是有重复的节奏感，或是材质有变化，或是地面高差有变化，即使在大空间里也可以打破其单调，有时会一下子生动起来……"。示例如图 8-57 所示。为了使公共交往场所的尺度亲近宜人，设计师应注意在不影响整体感的情况下，对外部空间进行小型化领域的划分，促进交往的形成。

图 8-57 外部空间的模数问题

（2）形态轮廓要点

大学校园室外交往空间环境的形态有两种情况，即规则形态的轮廓和不规则形态的轮廓。通过对场地设计而产生的新建校园室外空间形态大多以规则形态的轮廓为典型，一些老校区由周边道路、建筑的围合而形成的室外空间环境则大部分呈不规则形状。

规则形态的室外交往场所多见于体量较大的空间环境，尤其是在新建的大学校园中，由于在规划设计时考虑得比较多，因此大多数校园室外场地的形态都比较规则，有理可依，有迹可循。这种类型的交往场所有利于举行大型的集会活动，人流进出路线也相当清晰明确，向心性、安定感也比较强，是校园内部瞬间人流量最大、标志性最明显的室外交往空间环境。规则形态的空间环境感受具有明显的秩序性、庄重性和严谨性，看上去落落大方。示例如图 8-58 所示。

图 8-58 规则形态的室外交往场所

不规则形态的室外交往场所就像一切不规则构图一样，有时候会让人觉得放松自然，又会让人感到兴奋所带来的趣味性，有着引人探寻、新奇的吸引作用。不规则形态的室外交往场所适用于建筑实体的附属性活动场地及形状不规则的自然绿地，同时也是师生休憩、娱乐等场所。因此，不规则形态设计的室外交往空间环境本身就是校园活力评价的一个重要标准，必须重视这部分形状自由的活动场所设计。同时，空间形态不规则并不意味着可以过分随意或杂乱无章，还是应该在一个相对完整的空间里表现一定的中心或者主题，运用灵活的围合

形成隐约的界面限定，而且内部空间也同样可以遵循上述的尺度设计原则，给予细小的功能区域划分并提供部分设施，以满足交往的需求。示例如图 8-59 所示。

图 8-59　不规则形态的室外交往场所

（3）空间质感要点

空间质感是视觉艺术重要的体现方面之一。空间质感是指围合形成界面的建筑实体的立面、构筑物、空间地面及设施的表面质感。形成比较统一的空间质感可以给人以界面连续的感觉，有利于两个不同的室外场所、室内外之间的交流与延伸（见图 8-60）。常见的方法是利用相

同或相近的材质、拼接比例、凹凸变化、色彩等将建筑立面或构筑物塑造出一种整体空间感，使人们在途经或者逗留时，都产生空间舒适、流畅的感觉。在考虑材质时应依据空间的功能用途、主题要求、尺度关系、对比关系和形态关系来选择运用，不可盲目或无目的地处理，形成独特的交往氛围，留下与众不同的交往意象。

图 8-60　教育建筑的空间质感

（4）空间色彩要点

室外空间环境具有"多维性"特征，其昼夜变化、季节变化所产生的多维情景更为强烈，而空间环境固有色彩对此更能产生重要影响，因此，色彩是塑造空间性格、营造场所氛围的重要手段。例如在城市公共空间环境的设计里，

色彩的运用特别广泛，商业或娱乐性质的空间环境大多运用绚丽、跳跃的色彩作为广告及外立面色招揽人群，起到促进消费者购物的刺激作用。政府机构、行政办公的环境会以和谐庄重的色调出现，明显区别于私企的管理环境。校园环境整体色调则比较素雅，以蓝灰、砖红色居多，

透出丝丝的稳重感和文化感，即便是新建的大学园区环境，采用比较活跃的色彩，主要意图也在于时代感的表达，起到彰显新校园个性、引人注目的标识作用。校园空间色彩宜明快大方，渲染文化氛围，切忌杂乱地使用颜色，不可失掉原本的品质。示例如图 8-61 所示。

图 8-61 色彩塑造性格与空间氛围

（5）深化设计要点

除以上原则性要点，校园室外公共空间环境的深化设计更要引起注意，特别是铺装、小品和设施的设计。室外公共交往场所由于无"顶棚"概念，其地面（也包括水面）设计尤为重要。示例如图 8-62 所示。

场地铺装具有多重的功能作用，其装饰性作用能美化整体环境，同时也能对局部的建筑、小品、雕塑等起到衬托的作用。另外，整体的铺地色彩、图案的设计还能在零散的场地之间建立有机的、和谐的联系，使环境更趋统一。利用石材类、各类户外地砖等多样铺装材料构成不同的性格，采用严谨、活泼、雅致或粗犷的铺装样式，营造出校园不同公共空间环境中发生的交往活动的特点，以及环境氛围相一致的设计效果。值得一提的是，地面铺装有着很重要的比例关系，有大面积的规则形态和不规则形态铺装，有完整一致和完整中结合变化的铺装，有统一高度和高度落差变化的铺装等，都存在面积大小、材质粗细、色彩浓淡、整齐变化上的比例关系。

图 8-62 空间环境细节的深化

在深化设计中，小品与设施可算作公共景观设计重要的装饰与陈设，人们在公共场所逗留，多数都会使用一些环境小品和设施，因此它们与人们发生最直接的接触，是设计师创作中为表达思想而最为看重的部分。例如，校园雕塑是校园小品的主要组成部分，重要的校园雕塑甚至可以成为校园的标志。除了供人观看，有的校园雕塑具有象征性或纪念性，可以表达一定的历史纪念意义，体现特定的文化与思想内涵，一个主题概念的表白（见图 8-63）。

图 8-63 主题概念的表白（麻省理工大学纪念碑）

室外的座椅、花坛边、台阶等都可以有坐的功用，是空间环境必不可少的设施。其他功能的设施，如宣传栏、电话亭、自行车停放架、阻隔物等，都属于可用性设施。喷泉、灯具、文化墙等就可以列为可视性的设施，人们通过视觉感受来陶冶心境。小品与设施并没有明确的界定，很多时候它们同时存在可用和可视的功能。

4. 空间环境绿植的重要地位

绿植设计是室外空间环境设计的重点内容，植物覆盖也是室外空间组织的要素之一，良好的绿化环境是绿色城市的标志，更是一个环境优美的大学校园所不能缺少的。

绿植设计在校园空间中具有多重性的功能，具有空间形态构成关系的重要作用，具有净化环境空气的重要作用，具有视觉美感的重要作用。绿植设计通过合适的行植、列植等种植手法，依照行道树、景观树的分类方式来处理，在实用性方面起到了巨大作用，绿化非常适合于围合、分隔或者烘托场地的不同功能空间及空间的连接通道，将功能区转化为功能空间，提供给交往人群一个柔性、舒适的界面，成为人们依靠的背景。例如，空间环境分隔的界定、鸟禽栖息的情境等，无不体现着绿植的功劳。示例如图 8-64 所示。

图 8-64 绿植景观设计

在绿植盛势季节，校园里绿的是松、红的是枫、黄的是杏，杨树叶轻舞摇摆，景色优美。不同花期、不同品种的种植搭配，会使校园环境鲜活起来。可以说，绿植的真正意义是为人们的交往提供适宜的环境，而不是纯粹的美化游乐。在实际的空间交往活动中，绿植诠释着"大树底下好乘凉"的真实意义。

5.校园交通道路系统

校园交通道路是校园与城市、校园内部之间的交通联系方式，和城市道路系统一样，它分为纯车行道路、纯步行道路和人车混行道路三种类型，是校园景观的一项基本要素。人们

在道路上通行时，往往会通过感受空间环境的转换而形成整个校园的意象，换句话说，人们对校园的印象就是通过在穿行过程中经历的景象与事件的片段组合而来的。因为在不同的区域之间、室内外之间穿行，一系列的公共开放空间环境被步行系统串联起来，形成了强烈的空间序列关系。示例如图8-65所示。

图 8-65 校园交通

校园内部道路系统不像城市道路系统一样有过分严格的限制（主要交通道路有着"速达性"要求），在形式上更为自由，人们在途中相遇并停下来攀谈的情景随处可见。如果道路旁边有可停留的边界，人们甚至会有目的地经过或到达这一边界进行活动，因此校园道路系统除了有交通联系的功能，还可以负担部分交往需求，成为"路上的交往场所"。因此，校园内部交通道路更具动与滞的综合用途特征，路边

会有更多的安置座椅类形式的设施，甚至有专设的路边交往小空间。

总体来说，如今的教育公共空间环境，较之以往有了翻天覆地的变化，新理念、新概念、新要求促进了教育空间环境设计崭新形态的出现，依照学生年龄结构形成小学、初中、高中至大学不同时间段的界限，体现着人性化设计的未来。

8.3 娱乐空间环境设计

我们知道，娱乐空间环境设计包含剧场空间环境、影院空间环境、专题性活动场所等供人们从事娱乐活动的空间场所，其中演绎性质的建筑空间占有主要部分。本节仅就演绎性质的剧场空间环境设计进行分析。

■ 8.3.1 剧场空间环境的基本特征

依照使用功能性质的界定，歌舞剧、戏剧

及话剧的表演场所等被统称为剧场空间环境，如大会堂、音乐厅和影院的设计与剧场极为相似，因此剧场设计的原理、规范等基本都涵盖了大会堂、音乐厅和影院的设计。

单就剧场空间环境来说，从传统意义的理解就是大空间概念，所谓大空间，与使用功能和人数体量有直接的关系。如今，具有演绎性质的剧场空间还有小剧场、小放映厅及"茶馆"

剧场等，这些多彩的剧场空间形式极大地丰富了娱乐性建筑空间环境的形态，为剧场空间环境设计提供了更丰富的基础资源。

1. 建筑大空间环境的特征要求

剧场建筑属于公共空间环境，一般情况下要按照大空间环境的要求来进行设计，确保达到剧场的功能效果。

建筑空间环境的特征要求如下：一是使用空间很高大，采用大厅式的组合关系，以满足演出舞台与观看座席的要求。二是使用空间的大小差别较大，一层需要形成错层、夹层关系，使用的是空间与多层空间相联系的方法，达到空间无障碍的共享性，既有相对的独立空间，又融入大空间之中。三是对视线的要求，使空间的地面不在同一层面上，这也是高尺度空间的必然。四是大空间建筑需要很大跨度的建筑结构，因此有着多种结构形式的聚集。示例如图 8-66 所示。

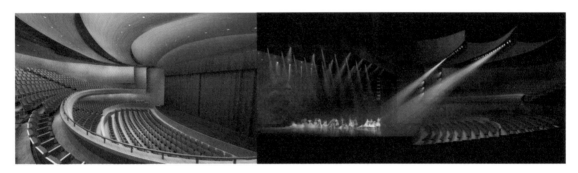

图 8-66　建筑大空间环境

2. 小剧场空间环境的特征魅力

小空间环境的剧场，就其形态来说，与所谓"正统"的大剧场空间环境还是有着不小的区别。首先由于空间体量的巨大差异而形成建筑形态上的迥异，人们的空间环境感受就会有各异的体验。例如，有小巧而精致类型的，有规整而简易型的等。其次由于空间体量小，观众数量不多，因此建筑空间要求不高，其相应的演艺设备系统会精简易于处理，形成自然、亲切、舒适性极高的空间氛围，深受大众的喜爱。小剧场空间环境更适于"语言类"表演题材，如小话剧、相声等。示例如图 8-67 所示。

图 8-67　小剧场空间环境示例

当然,目前的剧场空间环境形态略有不同,除小剧场形式,剧场空间环境也不仅是单独存在的空间体,而且可以以"广场"和"中心"方式集群式分布,形成建筑体内主剧场与若干中小剧场"共同体"形态(见图8-68),除去演绎和观看的功能,还具备首映、发布、颁奖和高端研讨等多重职能。同时,在影院逐步衰退或转型的状态下,"商业广场"之中出现各类影城空间。这些也都算作新型的剧场空间环境形态特征。

■ 8.3.2 剧场空间环境的空间组织构成

现代的剧场空间环境的空间组织构成的主干都是围绕"演"和"观"的功能性目的而进行设计的,大体上由多功能门厅空间环境、演出大厅空间环境、功能性、附属性空间环境等构成。下面依次按照不同区域的主要功能空间环境进行最为简要的分析。

1. 多功能门厅空间环境

可以说,无论是怎样的建筑形态或大小的剧场空间环境,具有空间功能性质的门厅空间环境都是必不可少的区域,包括售票区、宣展功能区、附属服务功能区、等候休息区域等。通常来说,门厅空间环境有如下特点:①门厅空间环境是入口至演出大厅的必经之路,必须设置某些专属性功能区域;②门厅空间环境是人们了解演出信息、放映信息的地方,能让观众对演出情况有近距离的熟悉和了解;③门厅空间环境会让观众对剧场空间环境产生第一印象。④门厅空间环境存在某些附属性的空间,如小吃、茶点等服务功能区域,它们体现出更完整的多功能休闲性的空间氛围。示例如图8-69所示。

图8-68 "生态箱"剧场空间(上海)

图8-69 剧场门厅空间环境

2. 演出大厅空间环境

演出大厅空间环境是高层次的综合文化产物，功能独特，其中每一个子系统由各种要素组成。这一功能空间环境可算是剧场空间环境中的主体区域，担负观演活动的功能职责，由观众席空间环境和舞台空间环境构成。示例如图 8-70 所示。

这里我们有必要了解舞台空间区域。舞台区域就其空间形式而言，镜框式台口、箱形舞台一直以来是正统的空间形态，而随着时代发展，人民的文化娱乐观念和喜好发生了根本变化，舞台空间形态也走向多样化，导致剧场的功能向着多元化发展。例如，很多尽端式舞台取消了乐池和箱形舞台，具有更多功能；出现伸展式舞台，它与镜框式台口的区别在于，舞台的一部分可以向前突出，伸向观众席，这一部分的三面都暴露给观众；出现圆环形舞台，通常圆环形舞台位于剧场的中央，观众可以近距离地欣赏表演。示例如图 8-71 与图 8-72 所示。

图 8-70 演出大厅空间环境

图 8-71 舞台类型 1

图 8-72 舞台类型 2

总之，舞台空间环境已随时代发展和科技进步，在声、光、电等高科技手段的运用下，取得了翻天覆地的变化，如波动舞台、旋转舞台等。

3. 功能性空间环境和附属性空间环境

所谓功能性空间环境是指环绕演出大厅周边的一些区域，如舞台周边的候场区、化妆间、设备间(包括放映室)等直接的功能性空间环境。附属性空间环境指座席区周边的卫生间、过厅等区域，以及很重要的快速疏散人流的走道区域等空间环境。

8.3.3 剧场空间环境的设计要点

剧场空间环境的设计涉及诸多专业系统问题，如舞台美术、舞台照明、剧场声控、音效处理、建筑荷载等，以及安全疏散通道问题。有些极高的专业系统问题，设计时一定要引起足够的重视，更有一些问题需要专业性的团队进行设计。在此也需要明确一些设计要点，简要归纳为以下几个方面。

1. 剧场功能关系协调要点

剧场的功能分区一般为演员活动区、观众活动区和管理活动区等，就是说建筑设计需要对观众厅、演出舞台及后台准备的部分进行合理的分配和规划，要使这三个部分适合剧场设计的要求。特别要协调好直接影响演出效果的舞台区域及周边功能区域的关系，所谓的上场门、下场门的位置，以及由候场区到舞台的动线一定要清晰明确、简便易识别，同时确保场内的卫生间与剧场合理隔离且方便使用。

2. 剧场空间环境对视线的要求

剧场要让观众都看得见、看得清并看得舒服全面，因此，设计观众厅的结构时，要考虑座位的排列，也要分析观众的视线。观众座席区设计的，首要问题就是注意观众席与演出舞台的视线阔面角度关系，以及座席前后视线纵向位置关系，要经过专业的精准计测确定。概括起来就是空间布置变前低后高，由前至后缓步抬升，左右阔面依据台心放射出合

适的角度，这样会达到相对理想的结果。由此，座席区会出现多层并错开角度，形成反弧线面向舞台的空间组织构成。示例如图 8-73 所示。

图 8-73 剧场座位设置

3. 剧场空间环境对音质的设计要求

剧场建筑对剧场声学指标的专业性要求是非常高的，如对声响混响、音缺及声音的扩散反射等都有严格的要求，可以根据建筑声学设计来达到目的。具体到使用功能也有不同做法，如话剧表演、相声表演等以语言类为主的演出，对吸声的要求更高一些，这时首先考虑在空间形态上有意进行"消声"的处理，同时在空间装饰上选择使用吸声性能高的装饰材料。乐器演奏类的表演，需要声音的反射来烘托音效气氛，这就是与吸声相反的要求。为了获得演奏效果，包括中国国家歌剧院在内的先进剧场，一般都会采取"材质变换"的方法，就是墙体饰面两个面层采用"一吸一反"作用的材质，依据演出性质进行变换。总之，剧场空间的音质、音效一定要按照专业测定的数据，采用科学、准确的方法进行专业性处理。

4. 剧场空间环境安全性设计要求

安全疏散对每一种建筑空间环境都是必不可少的,特别是人员聚集众多的公共空间环境。剧场建筑空间环境的设计对安全疏散的时间、疏散路线和疏散口都有一定要求。应依据空间面积、空间使用人数等,合理设计疏散通道、楼梯及疏散场地,具体要求见剧院建筑设计规范。示例如图 8-74 所示。

图 8-74 剧场空间环境安全性疏散通道的设计

5. 剧场空间环境照明设计要求

舞台区域承担着重要的演出任务,决定着舞台演出效果,其中舞台照明设计发挥着极其重要的作用,这也需要很高的专业计测才能达到准确理想的舞台效果。不算舞台演出时的光源变换,就是照明方式也有很多专业性的要求,如面光、侧耳光等,会对表演者的形象产生很大影响。还有舞台照度与观众席区域照度的比值关系,要依据表演内容产生合理的变换。示例如图 8-75 所示。

图 8-75 剧场空间环境照明设计

6. 剧场空间环境建筑形态设计要求

剧场造型往往是结合剧院内部结构做出的外部设计,这些都包括在剧场建筑形象的设计中。作为娱乐性的公共空间环境,剧场建筑的造型不仅表达的是剧场演出的功能，还有剧院地域文化艺术内涵的主题性体现，其形态可以是隐喻的，也可以是象征性的。示例如图8-76所示。

图8-76 剧场建筑的造型

总体来说，剧场的类型众多，而且剧场空间环境设计也可以理解为大舞台空间环境的设计，表面上一般都采用镜框式台口与观众厅连接，所以各种功能因素都需要进行认真考虑，满足声学设计、舞美设计、舞台照明设计和结构设计等方面的专业性功能要求。不管怎么说，未来随着建筑技术、科学技术和思维意识的不断发展和进步，还会出现越来越多的剧场空间形态，带给我们完美的视听享受。

8.4 设计案例赏析

本节分别选择酒店空间环境、教育空间环境和娱乐空间环境的三个实际设计案例进行赏析，它们依次是新加坡必麒麟街派乐雅酒店（见图8-77）、天津财经大学新校区空间环境设计（见图8-78），以及挪威国家歌剧院（见图8-79）。

图8-77 新加坡必麒麟街派乐雅酒店

图 8-78 天津财经大学新校区空间环境设计

图 8-79 挪威国家歌剧院

第 9 章
设计项目实践与案例

一个完整的课题（工程）项目必然要经过两大重要环节：一是项目设计环节，二是项目施工环节。两个环节之间必须顺畅连接，并且要始终围绕设计理念和意图，在设计环节指导下进行施工组织和实施，以此确保完整准确地完成由图纸到实物的转换，也就是所谓的"由精神文明到物质文明的转换过程"。可见，项目设计环节的重要性非同一般。

9.1 公共空间环境设计项目实践

既然明确了设计环节在项目的重要作用，就必须将设计环节规范化、制度化和系统化，清晰设计工作全程，知道工作职责，了解施工环节。

■■ 9.1.1 项目设计环节

一个课题（工程）的设计工作环节有一定的标准，不可过于随意性地处理，要有准确、科学、合理的计划，按照不同阶段的设计工作任务履行职责。例如，要准确地把握前期的准备、初期的意向、中期的过程、后期的收尾，以及施工的交底工作、施工中设计师的角色等。

应从勘测与初步的调查开始设计环节的工作，随后梯次递进地开展设计环节的工作。

一是查勘与测量阶段。对现场环境关系、建筑状况、空间性质和功能要求等，逐一进行研究分析，形成初步的感性认识。

二是创造性和设计理念阶段。依据前序的分析，在感性认识的基础上，初步拟定出项目设计意向，形成基本的设计理念。

三是规划和设计概念的完成阶段。在完成初步设计意向后，与客户进行重要的交流沟通，获得可行性或建设性意见，达成共识后进行进一步规划，形成设计概念，正式进入设计环节。同时应考虑与各个单项专业的协调，包括上水下水、强电弱电、采暖、建筑结构、消防安全、空调吸尘及绿化铺装等专业系统。

四是为客户做项目介绍阶段。每个项目所面对的客户是不同的，一种是无要求客户，一切事物交由设计师定夺；另一种是有一定要求和想法的客户。与客户的沟通交流在设计过程中非常关键，一旦设计方案完成，必须对客户做详尽的项目设计情况介绍，搜集最终方案调整的信息，进行最后的完善。

项目设计实施工作一定要体现程序化和规范化，按照国家或地方的相关规定和要求进行组织实施，以免出现责权利方面的纠纷，直接影响项目的顺利进行。

■■ 9.1.2 设计方案执行环节

项目设计环节完成的标志是获得方案的施工图，以及汇报、会审使用的效果图、视频文件、方案册页等不同表达方式的资料文件。待设计招标结束后进行施工招标，之后便进入设计方案的执行环节。

这时设计方案起着关键的作用：一是施工中的尺寸、工艺与规格要求的确认和传达，一般由建设方召集设计方、监理方和施工方参加，进行项目实施的情况交底，依据方案图纸由设计方向施工方和监理方准确传达方案设计，相互提问、答疑。二是依据交底情况，参标的施工单位依据建设方要求和方案图纸进行投标报价，同时建设方也会依据方案图纸制定项目的资金投入标准，进行投标与评估确定标线，准备施工投标工作。三是依据国家或地方有关施工规定，组织进行施工投标工作，在具备施工许可证等资质的投标方中，按照程序评出中标单位，随即由中标单位依据设计图纸采集主要材料样板进行封样，做进场施工的准备。四是施工期间，按照约定依据施工进度定期进行由建设方、监理方、设计方和施工方共同参加的联席会议，直至项目完成竣工，由四方共同进行工程验收，并按项目实际完成情况进行竣工图纸的绘制，以备存档。

在施工期间，设计方会定期对现场施工情况进行巡视，并根据联席会议或突发的施工情况调整方案，经建设方、监理方、施工方确认后进行方案图纸变更。总之，一个项目的完成，项目设计应是贯穿始终的。

9.2 公共空间环境设计项目案例实录

9.2.1 天津曹禺剧院设计方案

曹禺剧院以剧场功能为主线，是集展示、教育和研讨于一体的多元性和综合性的室内空间环境。如图 9-1 所示，本案例在装饰设计上，围绕"曹禺和戏剧"这一基本概念，突出体现了主题性设计的概念。设计中力求表现出"中国韵、天津意、现代风"的主题寓意。首层纪念展厅的树形柱饰，寓意着在天津的沃土上孕育出了曹禺这棵戏剧大树，而大面积的红色又彰显了浓郁的民族风情这一主题。

图 9-1 天津曹禺剧院设计方案（时间：2010 设计：天津美术学院 类型：文化类）

9.2.2 华汇建筑景观室内设计公司办公环境

如图 9-2 所示，建筑空间环境为单层多体围合而成，占地面积为 1600m²，主要以设计功能为主的办公环境。建筑的内外空间达到了最大限度地相互渗透与交融，充分体现了现代建筑空间环境的设计理念，室内空间环境组织强化了使用功能要求。同时，室内的材质运用和细部处理突出了品质感，体现了艺术性。

图 9-2 华汇建筑景观室内设计公司办公环境（时间：2006 设计：本公司 类型：办公类）

9.2.3　社区服务中心项目

新型的社区服务中心空间环境，功能性要求已越来越趋于综合服务的特征，除了原本功能，在形态功能、视觉功能等方面有了进一步的强调和拓展，更多针对老年人、妇女和幼儿等各个群体日常生活进行对应的服务。服务中心环境设计就是要以此提供舒适优美的空间环境，使社区服务中心空间环境真正地撑起为百姓服务的一把大伞，如图9-3所示。

图 9-3 社区服务中心项目（时间：2015 设计：天津美术学院 类型：服务类）

9.2.4 天津雷迪森酒店

天津雷迪森广场酒店位于天津市津南区国家农业科技园区内，是以商务功能为主的五星级酒店。酒店建筑依湖而建，具有天然优越的地理位置。酒店内部的公共商务区域和客房，东南亚风格餐饮空间、中餐厅及行政客房等，运用现代的处理手段和材质，尽显了不同空间风情的视觉感受，如图9-4所示。

图9-4 天津雷迪森酒店（时间：2013 设计：天津华汇建筑景观室内设计公司 类型：酒店类）

9.2.5 天津海河文华酒店

天津海河文华酒店位于海河教育园区中央绿廊之上，其建筑面积为42000m²，紧邻海河教育园区管委会，地理位置优越，是集商务会议、休闲娱乐为一体的综合服务五星级酒店。装饰风格极具浓郁的民族文化风情，结合并运用现代的表现手段予以充分的展现，如图9-5所示。

图9-5 天津海河文华酒店（时间：2012 设计：天津华汇建筑景观室内设计公司 类型：酒店类）

9.2.6　海南山泉海酒店式会所

海南山泉海酒店式会所的使用面积较为精致，装饰上属热带海岛风情地域性。如图 9-6 所示，本案例设计融入东南亚、地中海的海岛风情，结合热带气候和自然条件的地域特色，多元性地显现出东西方的装饰风格特点，采取了崇尚自然、原汁原味，以纯天然材质为主的装饰手段，追求健康环保、人性及个性化的价值理念。

图 9-6 海南山泉海酒店式会所（时间：2012 设计：天津美术学院 类型：酒店类）

9.2.7　天津蓟州商业中心

天津蓟州商业中心为蓟州安置区项目，建筑面积为 $80000m^2$。如图 9-7 所示，本设计方案的主题立意源自传统文化艺术并从中提取元素，就像水纹的涟漪形成似玫瑰花瓣的形状，形成共享空间环境与影厅休息区的"主题符号"的呼应，用现代化的技巧和手段加以描述，竭力表达一种轻松愉快的商业空间环境氛围。

图 9-7 天津蓟州商业中心（时间：2014 设计：天津华汇建筑景观室内设计公司 类型：商业类）

■■ 9.2.8　医疗空间环境

　　医疗空间环境在公共空间环境设计中有其明确的功能性要求，功能区域、环境设施、空间布局和导示系统要清晰准确。图9-8所示包括天津环湖医院新建项目、中国人民解放军总医院新门诊楼等部分室内设计方案，充分展现了现代医疗环境的空间形态，科技运用和人文关怀是设计中重点把握的内容。

图9-8 医疗空间环境（时间：2011、2015 设计：天津华汇建筑景观室内设计公司 类型：医疗类）

■■ 9.2.9　天津滨海市民中心

　　天津滨海市民中心位于天津滨海新区，是文化广场大型综合体建筑之一。如图9-9所示，本设计方案重点展现了"市民中心"建筑体的中庭区域。基于该建筑区域内外渗透、延伸的优势，设计师大胆引入"自然环境"概念，并将其作为设计主线延展其中，形成本设计方案最突出的特点。

图9-9 天津滨海市民中心（时间：2015 设计：天津华汇建筑景观室内设计公司 类型：公共综合类）

结束语

在一般的社会环境生活中，作为人们重要的社会活动场所，公共空间环境承载着自身的职责，同时相应地提供各种各样不同功能需求的场地空间。在设计中，我们要在围绕功能实用性的前提下，注重把握人文性、时代性、艺术性和拓展性的合度，形成主题性的设计概念，并运用科学的设计语言将其准确地表达出来，营造出理想的、舒适的、生动的活动空间。这是高品质公共空间环境设计的最基本要求。

参考文献

[1] 张芷岷，李树涛. 美术辞林·建筑艺术卷 [M]. 西安：陕西人民美术出版社，1993.

[2] 王奕. 酒店与酒店设计 [M]. 北京：中国水利水电出版社，2006.

[3] 任仲泉. 现代商业空间展示设计 [M]. 济南：山东科学技术出版社，2005.

[4] 陆震纬. 室内设计 [M]. 成都：四川科学技术出版社，2007.

[5] [日] 长泽悟，中村勉. 国外建筑设计详图·教育设施 [M]. 滕征本，译. 北京：中国建筑工业出版社，2004.